엄마가
되어 보니

이 책의 인세 수익금 전액은 발달장애아동을 돕는 곳에 기부되어 쓰입니다.

엄마가 되어 보니

2019년 3월 28일 초판 1쇄 발행

글	오민주
펴낸이	Tiago Word
펴낸곳	출판문화 예술그룹 젤리판다
출판등록	2017년 3월 14일 (제2017-000033호)
주소	서울특별시 영등포구 경인로 775 에이스하이테크시티 1동 803-22호
전화	070-7434-0320
팩스	02-2678-9128
블로그	blog.naver.com/jellypanda
인스타그램	www.instagram.com/publisherjellypanda(@publisherjellypanda)
트위터	https://twitter.com/DCEDCvLqVeJCy5g
책임 총괄	홍승훈(Craig H. Mcklein)
기획 편집	Theodore Smith, 이태은
마케팅	Caroline Dorothy, 권현주
디자인	Cecilia 이영은

ISBN 979-11-963597-7-5 03590

정가 16,000원

엄마가
되어 보니

오민주 지음

Jelly
Panda

내 사랑 예지

치열함과 외로움, 그것은 살아야 한다는 몸부림이었을 것이다.

장애를 겪고 있는 아이의 엄마, 예지맘을 보는 순간 어떤 상황 속에서도 굴하지 않고 아이를 지키기 위한 지고지순한 모습이 작은 여성의 몸이지만 마치 큰 거인을 보는 것만 같았다.

사람과 사람 사이에서 만남이라는 인연이 없으면 아무것도 이루어질수가 없다.

수많은 사람 중에서 한 사람을 만난다는 것은 그저 우연이라고 할지모르지만 모든 만남에는 필연성이 깃들어 있음을 안다.

우리는 색채 심리라는 뜻깊은 과정을 통해 만나게 되었다.

색채라는 매체를 통하여 심신의 안정과 우울함, 스트레스의 문제를상담으로 치유하는 과정에서 창조와 정서적 가치 속에 맑고 밝은 햇살처럼 스며든 인연, 그것은 물질적인 세속으로부터 벗어나고 싶은, 그리 외적인 것이 중요치 않은 또 다른 가치의 연결이었는지도 모르겠다.

완성되지 못한 내 분신을 위해 한 번도 뒤돌아 볼 겨를 없이 살아온 여유 없는 생활 속에서도 자신의 몸을 내던진 곳은 바로 치유였다. 약물 치료가 아닌 정신 치유에 마음을 쏟으면서 만난 인연, 그것은 예술과 색채의 만남이었다.

이 만남은 신촌 세브란스병원에서 열렸던 초대 전시에 <모정>이라는 그림을 내 자신 스스로 몸이 말을 하듯 그리게 된 동기가 되었다.

어둡고 거칠어져 가는 세상에 새 생명처럼 밝은 한 줄기 빛을 보는 듯 천사를 본 것이다.

그지없이 곱고 예쁜 블루와 마젠타 핑크의 잔상, 바로 예지.

그림 속 예지는 누구에게도 휩쓸리지 않고 누구나 공감하는 시어詩語로 자신의 마음을 전하고 있다.

예지맘, 틈틈이 장애인을 위한 지식 그리고 심리 상담에 대한 학문의 성직聖職이라고 일컬어질 만큼 큰 영역을 넘나들며 그 본분을 다 감당하는 모습이 자랑스럽고 사랑스럽다.

아름다운 청산. 봄이 되면 진달래 피고 생기와 영혼이 뛰어놀던 초록빛 산야, 가을이면 노랑, 주황의 단풍으로 활활 타는 청산, 그 청산의 너그러움과 거대함 속에 이 세상 부족함을 안고 태어난 아이들을 위해 가슴 저리고 애타는 나날을 보낸 예지맘이 이제 이 한 권의 작품을 통해 자신이 몸소 느꼈던 감정들을 세상 사람들과 같이 대화하고 싶어 한다.

표면적인 세계가 아니라 가슴 내면을 들여다보는 그 시적 마음의 대상들이 문장 하나하나에 담겨 있다. 미세한 떨림까지도 심미적 자아로 대응시키는 감각은 마치 큰 오페라를 보는 듯 감동과 설렘을 느끼게 한다. 또 섬세한 언어들은 오랜 경륜에서 표출되는 시적 완숙미를 보여주며, 한 시대를 살아오면서 버릴 수 없는 음音과 률律이라는 단아한 모습으로 마디마다 깊게 배어 있다.

한평생 이 세상에 오래 존재하고, 나뭇잎을 살짝 건드리고 지나가는 바람의 만남이 아닌 멀지도 가깝지도 않은 자리에서 언제나 부르면 늘 대답할 자리에 서 있고 싶다.
유연하게 흐르는 끊김 없는 물결처럼 이어지면 더욱 좋겠다.

국제컬러테라피, 한국색채심리전문협회 이사장 김금안

지난 2016년 12월 어느 날 오후 예지맘을 처음 만났습니다. 발달장애인 아이들의 일자리 마련을 위해 열린 도네이션 파티 자리였습니다. 예지맘은 "딸 예지가 가장 좋아하고 잘하는 것을 찾고 싶다."고 했습니다. 짧은 만남이었지만, '예지는 참 행복하겠다.'는 생각이 문득 들었습니다. 예지는 성장하면서 분명히 어떤 재능을 보일 텐데, 예지맘은 그 재능을 아주 빨리 알아차리고, 또 예지의 놀이 겸 일로 이어지도록 도울 것이기 때문입니다. 예지맘은 이 책의 프롤로그에서 "그저 작은 소망이 하나 있다면, 이 책을 읽고 난 후 독자들의 가슴에 예지와 나의 삶을 통해 자녀에게 알맞는 또 하나의 좋은 길이 전해지길 바라본다."라고 썼습니다. 예지가 자신에게 꼭 맞는 일을 하면서 그 길을 갈 때, 엄마는 진정 기쁜 마음으로 아이와 함께할 수 있다는 의미로 느껴졌습니다. 예지맘의 바람이 이 땅에서 아이를 키우는 많은 엄마들의 마음에 따뜻한 의미로 다가서길 진심으로 바랍니다.

김동현_ 휴먼에이드 대표

여기 세상 모든 것을 가져 행복했던 한 여성이, 발달 지연이 있는 한 아이의 엄마가 된 후 세상과 스스로에게 끊임없이 질문을 거듭하여, 비로소 자신과 아이에게 해주고 싶은 한마디를 꺼내어 놓습니다. "괜찮아." 부디 이 한마디가 같은 상황에 놓인 아이와 그 가족에게 진정한 위로가 되기를.

김유경_ 특수학교 교사

눈물이 많은 사람, 사랑이 가득한 사람, 늘 하나님께 초점 맞추며 사는 사람. 기도하는 엄마, 그 무엇보다 세상과 마주 선 용기 있는 엄마, 오민주. 내 손으로 장애 등록을 하고 내 아이를 장애인으로 만들고 들어가게 된 대학교에서 아이들을 위해 얼떨결에 시작한 뮤지컬 공연을 준비하여 맘스라디오에 출연하게 되었습니다. 〈예지맘의 괜찮아〉 진행자님은 우리 아이들이 뮤지컬을 한다고 마치 자기 일처럼 얼마나 감격하고 좋아하던지. 그 뜨거워진 눈시울과 파르르 떨리던 어깨를 전 평생 잊지 못할 것 같습니다. 아무것도 하지도 못하면서 바보같이 죽고 싶다는 생각만 했던 엄마인 나를 너무나 부끄럽게 하는 예지맘은 예지를 데리고 홈스쿨링을 하며, 그렇게 세상과 마주 서며 오늘을 살아내고 있습니다. 나를 다 드러내며, 발달 장애, 발달 지연 엄마들을 위로하는 그 세상과 마주 선 용기에 박수를 보냅니다. 오늘은 세상에 또하나의 진주를 만들어 낸 예지맘을 안아주고 싶습니다.

김재은_ 극단 라하프 단장

어느 날, 예지맘과 카페에서 대화를 나누었습니다. 창밖의 하늘을 바라보며, 함께 꿈을 꾸었죠. '발달장애아를 가진 엄마들, 그 엄마들을 위한 방송을 만들자.'고요. 아이의 장애 판정에 절망하고, 숨죽여 울고 있는 엄마들에게 많은 말 대신, "괜찮아."라고 한마디라도 건넬 수 있는 방송을 만들자고 말이죠. 그리고 그 꿈같은 이야기가 현실이 되어 1년 반 동안 〈예지맘의 괜찮아〉를 통해 수많은 발달장애아 엄마들을 만나 왔습니다. 이제 책으로 출간된다니 한없는 기쁨입니다. 이 책이 읽혀지는 마음마다 "괜찮아. 괜찮아."라는 메시지가 깊은 울림으로 전달되기를 기대합니다.

김태은_ 맘스라디오 대표

어느 따뜻한 봄날! 맑은 햇살처럼 찾아온 사랑스런 내 아이가 남들과 많이 '다름'을 느끼는 순간의 절망과 아픔을 어찌 다 말로 표현할 수 있을까요? 그럼에도 불구하고 '엄마의 대담함'은 모든 악조건을 견뎌내는 희망의 싹을 무럭무럭 자라게 한다고 믿습니다. 메마른 대지에 푸르른 생명을 불어 넣는 봄기운을 닮은 사랑스러운 예지와 함께 신나게 잘 '놀다'가 '행복역'에 무사히 도착하길 진심으로 기도하고 응원하겠습니다.

김현영_ 한국심리연구소 소장

2014년 10월 '선물The Present' 바자회에서 처음 인연이 되었다. 항상 예지와 눈을 맞춰 대화하고, 작은 것도 먼저 물어보고, 칭찬을 아끼지 않는 그녀의 모습은 지금도 한결같다. 이 책을 통해 한결같은 지금의 모습이 어떠한 시련과 단련의 시간을 지나 만들어졌는지 알 수 있다. 사랑하는 부부의 모습을 닮은 아이를 갖는다는 건 하나님께서 주신 가장 큰 '선물'이지만, 자녀가 아프거나 장애를 가졌을 때 어떤 부모도 이성적일 수 없다. 지금의 모습을 인정하거나 존재 자체만으로도 내게 주신 '최고의 선물'이란 것을 인정하기까지 얼마나 많은 시간이 걸릴지 아무도 모른다. 그녀는 가감 없이 인정함의 과정을 소개하고 있으며, 더 나아가 예지를 신뢰해 줌으로써 찾아온 변화를 이야기해주고 있다. 같은 아픔을 겪고 있는 부모에게 아이를 대하는 다른 접근법을 제시하고, 건강한 자녀를 둔 부모라도 소통함에 어려움을 겪는다면 그녀의 이 야기에 귀 기울여 보는 것도 좋을 것 같다.

박봉진_ 여울돌 대표

"진정으로 아이에게 본을 보이는 삶을 사는 것이 최고의 사랑이다!" 저자의 고백을 읽으며 이 짧은 글 한 줄을 쓰기까지 얼마나 많은 눈물을 흘려 내었 을지 상상이 되어 나 역시 굵고 뜨거운 눈물을 떨구었다. 엄마로서의 아픔, 고뇌와 눈물, 그리고 삶의 회복과 기쁨을 그려낸 글을 읽으면서 나는 엄마로 서 어떤 삶을 살아내고 있는지 한참을 생각해 보았다. 사랑하는 딸 예지와 함께 삶을 살아가며 아이와 발을 맞추며 걸어가는, 균형을 찾아가는 저자의 글에서 나는 깊은 감동을 받았고, 엄마라는 존재가 얼마나 위대할 수 있는지 놀라움을 금치 못했다. 사랑, 그 앞에서 우리는 얼마나 솔직해지고 순수해지 고 겸손해지고 위대해질 수 있는지 그 놀라운 진실을 알게 해 준 저자의 고 백이 참으로 값지고 귀하다. 많은 엄마들이 읽고 깊이 위로 받을 수 있는 책 을 써 준 저자에게 깊은 감사를 전하고 싶다.

박재연_ 리플러스인간연구소 대화교육안내자

예지맘은 참 강인한 여성이다. 자그마한 체구에서 뿜어내는 에너지에 늘 감 동을 받는다. 한 사람의 인생을 통틀어 감히 형용하기 어려운 현실 상황에도 기도의 힘으로, 긍정의 에너지로 극복하고 해결책을 찾고 나아가 같은 어려 움을 겪는 다른 사람에게도 영향을 준다. 감동과 함께 많은 정보도 포함되어 있어서 장애 가족들뿐만 아니라 비장애인에게도 큰 도움이 되리라 생각한다.

방수현_ 브솔 복지재단 대표

저는 어린 시절부터 '좋은 엄마'가 되고 싶었습니다. '결핍은 더 큰 온전함을 만든다.'라고 생각했기에 저의 결핍된 부분들을 직면하고 그것들을 채우기 위해 더 노력해 왔죠. 그런 저에게 이 책은 지금껏 읽어왔고 배웠던 모든 것들을 뛰어 넘는 책이라 말할 수 있습니다. 곧 책을 쓰게 될 것 같다고 말씀하셨던 그 날을 기억합니다. 오민주 집사님을 통해 직접 들은 삶의 이야기, 하나님에 대한 믿음, 영혼을 향한 긍휼함과 사랑, 무엇보다 예지를 존중하며 키우시는 모습들을 곁에서 보면서, 책을 쓰신다면 저뿐만 아니라 모든 이에게 그 얼마나 큰 위로이며 선한 영향력이 될까 싶어 함께 기대하며 설레던 제 마음도 기억납니다. 그리고 이렇게 때가 되어 한 권의 책으로 나올 집사님의 '첫 아이'를 마주하며 저는 다시 소망합니다. 이 책이 처음이자 마지막이 아니라 계속 되어야 한다고, 아이가 자람에 따라 엄마도 같이 자라듯이 이 책의 내용 또한 계속 이어져야 한다고 말이죠.

송효진_ 뮤지컬배우, 극작&연출가. 주님의 뮤지컬리스트

저자와 나는 30년 지기 오래된 벗이다. 어린 시절 한 여자의 딸에서 딸아이를 키우는 엄마가 된, 평범한 듯 특별한 이야기. 그리고 발달 지연 아이를 둔 엄마의 첫걸음, 그 모든 것이 처음이라서 다른 방식으로 세상과 마주하는 엄마와 아이. '다름'이 아닌 '같음'으로 천천히 느리게 가는 엄마와 딸의 가슴 따뜻한 이야기에 여러분들을 초대하고 싶습니다.

양윤지_ 카스펠 대표

처음 그녀를 만났던 날, 가냘픈 체구에 반짝이는 눈이 참 인상적이었습니다. 그 날은 어느 대학교 발달장애인들로 이루어진 뮤지컬 공연을 본 후였는데, 그 이야기를 나누며 만난 지 30분도 되지 않아 함께 눈물을 흘렸던 특별한

기억이 납니다. 그녀를 보며 '이 사람은 가슴에 상처와 고통이 가득했던 것 같은데 어떤 힘으로 저렇게 긍정적인 에너지로 바뀐 것일까?'라는 궁금증이 생겼습니다. 책에서 그녀는 약함을 모두 드러내었습니다. 오히려 남들에게 감추고 싶은 일들, 말하지 않으면 모를 일들까지 모두. 처절한 아픔이 느껴졌습니다. 넘어졌지만 다시 일어나 몸부림치며 기도하고, 손 내밀어 주고 함께 걸어가는 사람들을 만나며 한 뼘 성장해 나간 그녀의 기록들. 저는 책을 읽으며 예지맘이 내 안의 약함을 드러냈지만 오히려 그것이 강함이 되었다는 것을 알게 되었습니다. 이 책은 수많은 이 땅의 엄마들에게 보내는 격려사 같은 책입니다. "힘드셨죠? 괜찮아요. 당신 탓이 아니에요." 발달 지연 아이를 키우며 또 다른 발달장애 아이의 입양을 소망하는 예지맘이 짓는 밝은 미소가 널리 전해지기를 진심으로 기원합니다.

오새란_ 밀알 첼로앙상블 <날개> 음악 감독

예지의 태명은 '봄'이다. 예지는 태명답게 엄마의 삶에 새로운 계절로 다가왔다. 때론 꽃샘추위처럼 매섭게, 때론 지난 겨울 얼었던 개울물을 녹이는 따사로운 햇살처럼, 그렇게 엄마에게 새로운 계절이 되어 주었다. 예지의 삶은 엄마에게 삶의 고통을 우아하게 승화시키는 법을 알려주는 것만 같다. 더 나아가 이 땅의 또 다른 예지와 예지 엄마에게 시련이 어떻게 아름답게 변모하는지를 온 삶을 통해 보여주는 것만 같다. 이 아이가 없었다면 엄마는 우아하게 거듭나지 못했을 것이다. 이것은 기적이고 이 모든 기적은 작가인 엄마가 진주 씨앗인 '예지'를 품으면서 시작되었다.

원근희_ 향기로운숨결마음결연구소 소장

"이 아이는 치료가 필요합니다. 자폐아가 될 가능성이 높은 아이입니다." 나에게 찾아온 세상에서 가장 귀하고 값진 보물 내 아이를 향한 이 말을 듣는 순간, 세상이 무너지는, 아무것도 보이지 않는 암흑 같은 심정을 추스르지도 못한 채 생후 28개월부터 이제 7살이 된 아이 손을 끌고 여기저기 치료 센터를 돌아다니다 집에 돌아오는 차 안에서 녹초가 되어 쓰러져 자고 있는 아이의 모습을 떠올립니다. 그리고 이 책을 통해 이제 깨닫습니다. 내 아이에게 필요한 것은 엄마의 믿음과 기다림이라는 것을. 지금 이 순간 내 아이가 다른 아이와 다르다고 생각하며 어찌할 바를 몰라 고통스러워할 부모님들께 이 책이 위로와 희망이 되길 소망합니다. 그리고 예지가 착하고 예쁘게 자라서 감사하고 사랑하고 나누며 아름답게 살기를 기도합니다.

율아 맘_ 발달 지연 아동 가정

'느긋하자. 고요하자. 진실하자. 기다리자. 그리고, 용기를 가지자!' 책을 읽어 내려가는 내내 마음이 속삭였다. 이 책은 마음을 비워 내고 아이를 있는 그대로 바라보고 싶은 엄마들에게 방송에서의 내레이션처럼 '행복역으로 가는 길에 있는 작은 쉼터가 될 것이다.

이주연_ 감성요리연구가

예지맘은 눈물이 많습니다. 때론 주체할 수 없을 만큼 눈물을 흘립니다. 요즈음 눈물을 더 많이 흘립니다. 설교를 들으면서 눈물 흘리는 것을 봅니다. 어느 순간 예지맘과 아빠의 눈이 마주치는 것을 보았습니다. 두 분은 서로 눈물을 흘립니다. 예지맘은 밖으로 눈물을 흘리고, 예지 아빠는 속으로 눈물을 흘립니다. 감사의 눈물입니다. 모든 일에 감사하는 것이 하나님의 뜻이라 하셨습니다. 은혜를 알기에 감사하고, 감사하기에 흘리는 눈물이 아름답습니다. 참부모됨을 예지에게서 배웠습니다. 예지가 스승입니다. 예지가 인생입니다. 예지를 통해서 하나님의 마음을 알아갑니다. 이제 '자녀가 주는 은혜'가 무엇일지를 알 만합니다. 그래서 감사합니다. 앞으로도 쭉 펑펑 눈물 흘릴 것입니다. 주여, 나의 눈물을 주의 병에 담으소서. (시편 56:8)

전규택_ 김포 아름다운교회 목사, 환경운동가

가끔씩 카페에 찾아와 품에 안겨 펑펑 울고 간 예지 엄마. 동생 같은 예지 엄마에게 해 줄 수 있는 것은 함께 울어주며 해준 "괜찮아." 그 한마디. 어찌 괜찮을 수 있었을까. 무엇으로도 위로할 수 없는 상황에서 엄마는 일어섰다. 매일매일 사랑을 포기하지 않고 예지와 함께 성장했다. 우리에게 예지는 특별한 하나님의 선물이고 희망이다. 자녀들은 있는 그대로의 모습으로 사랑받아야 한다. 어둠의 터널에서 담대히 나와 빛으로 사는 예지 엄마와 예지를 응원한다. 이 책은 부모들, 가정과 자녀를 향한 아름다운 회복의 메시지이다. '자녀들은 아름답고, 보배롭고, 가치 있는 존재입니다.'

전효실_ 카페커넥션, 커넥션교회. 방송인

"당신이 아무리 큰 부자일지라도 그래서 금은보화가 넘쳐날지라도 결코 나보다 부자가 될 수는 없어요. 내겐 책 읽어 준 어머니가 있으니까요."(스트릭랜드 릴리언 '책 읽어 주는 어머니')

예지맘은 예지에게 책을 읽어 주는 엄마입니다. 예지가 무슨 책을 좋아하는지 잘 알고 있지요. 예지의 눈을 따라 함께 가는 것이 늦지만 즐겁고 얼마나 감사한 일인가를 알고 있는 지혜로운 엄마입니다. 먼저 아이의 마음을 알아주고 모를 때는 물어보고 배워가는 겸손한 엄마입니다. 무엇보다도 예지가 '무언가를 사랑하고 소망하도록 가르치는 것이 무언가를 배우도록 하는 것보다 중요하다.'는 사실을 잊지 않으려 기도하는 엄마입니다.

조메리명희_ 경민대학교 사회복지학과 교수, 뉴월드드림 이사

많은 사람들이 자신의 자녀를 자신의 기준과 바람에 맞추려 한다. 특히, 아이가 성장할 때, 아이의 마음을 이해하기보다 어른의 기준에 아이의 성향과 원하는 것을 맞추려 한다. '우리 아이는 내 뜻대로 될 거야.', '내가 이렇게 하는 것을 좋아하겠지?'라고 말이다. 하지만 우리가 생각해야 하는 것은 내 아이의 마음을 헤아리는 것! 내 아이가 무엇을 원하는지를 알고 깨달을 수 있도록 기다려 주는 것이라 생각한다. 주입식 교육이라는 틀 안에 아이를 넣는 것이 아닌, 아이의 상황과 성향에 맞게, 그 아이가 원하는 것이 무엇인지를 알고, 아이의 틀에 맞게 교육하는 것이 중요하다고 생각한다. 이 책은 "너 이렇게 해야만 해."라고 하는 것이 아닌 "너 뭘 원하니?"라고 질문하는 것이 먼저이고, "다른 아이들은 이런 교육도 받으니 너도 해."가 아닌 '내 아이가 무엇을 좋아하지?'를 기준으로 하는 아이를 배려하는 법을 배울 수 있는 책이라 생각한다. 아이를 가진 많은 부모에게 새로운 패러다임을 제시할 것이라 생각한다.

최광호_ 보아스이비인후과 발성교정사

차
례

"이 아이는 치료가 필요합니다. 자폐아가 될 가능성이 높은 아이입니다."

그날이었던 것 같다.

다리에 힘이 풀려 서 있을 힘조차 없었던 그날.

딸 아이 예지의 발달 지연, 언어 장애 소식을 들었던 그때.

무슨 말을 이렇게 쉽게 내뱉는단 말인가?

하루를 지켜본 것도 아니고 한 시간이나 봤을까?

잠깐의 면담과 몇 가지의 검사로, 발달 지연이라는 결과를 그렇게 쉽게 내놓다니 믿을 수 없었다. 믿어지지 않았다.

그러나 딸 예지는 이미 생후 10개월부터 눈을 마주치지 못했고, 스마트폰만 좋아하고, 해가 지나면 지날수록 동물과 사람에 관심이 없었으며, 듣지 못하는 아이처럼 행동하였고 말하는 자신감이라고는 눈곱만큼도 보이지 않는, 입을 열지 않는 아이가 되어 있었다. 매일 점점 이상하게 변하는 딸을 바라보면서, 마음속에 드는 상실감과 절망감은 어떤 단어로도, 어떤 글로도 표현할 수 없었다.

그런데 이제 와 생각하니 딸에게 많이 미안하다.

조금만 더 아이의 입장에서 이해해 주었다면 서로 소통이 안 된다는 이유로 힘겹진 않았을 텐데…. 오히려 난 예지를 어릴 적의 나와 비교했다.

"나도 이랬나? 난 말 잘했는데. 예지는 왜 이러지? 누굴 닮아 이런 거야!"라며, 내가 예지의 엄마라는 사실을 부인하고 싶다는 생각도 했다. 나의 잘못은 돌아보지 못하고 남편 탓, 가족 탓을 하면서 가족력을 논했다.

우리 예지는 34개월이 됐는데 왜 말을 하지 않지? 왜, 도대체! 어째서 나에게 이런 말도 안 되는 상황이 일어나는지 이해할 수 없었고, 받아들일 수도 없었다. 내 기준에서만 예지의 상황을 판단하고 아이에 대해 결론을 내려버렸다. 그때는 왜 입장을 바꿔서 생각하지 못했는지, 나만 힘들고 아프다는 이유로 그런 어른스럽지 못한 생각에 사로잡혔다.

예지에게 답답함을 호소하며 화를 낸 날이 있었는데 아마도 50개월 때쯤이었던 것 같다. 대소변을 못 가리는 모습을 보며 정말 괴로웠던 나는 아이에게 크게 화를 냈다.

"너는 왜 이게 안 되는데! 왜! 어째서!"

소리를 지르고 난 후에 아이가 울자 너무도 괴롭고 막막했다. 그 순간 엄마라고 부르지 못하고, 말도 못하는 예지가 울면서 내게 다가왔다. 이 아이를 어찌해야 하나 싶어서 나는 더 크게 소리 내어 울었다. 예지는 눈물로 범벅이 된 내 품에 안겨 어느덧 잠이 들었다.

그때부터였던 것 같다. 나는 내 감정을 찬찬히 살펴보기로 했다. 그러자 그동안 나는 아이의 입장이 되어 생각해보지 않았고, 마음속에 절망이라는 감정뿐이었다는 것을 깨닫게 되었다. 그 감정에 사로잡혀 있던 나를 보며 사람들은 걱정해주고 위로해주었다.

그러나 그 어떤 말도 위로가 되지 않았다. 왜냐하면 당시 나에게는 예지의 일로 힘든 것은 힘들다고 느껴지지 않을 만큼의, 감당이 안 되는 큰일들이 계속되고 있었기 때문이다. 나를 한결같이 이해해 주고 맹목적으로 넘치는 사랑을 주었던 시아버지가 소천하시고, 그로부터 3개월도 안 돼서 친정 엄마는 암이 재발하여 투병 중인 상황이었다. 그저 아팠다. 가슴이 저미도록 아팠다. 나의 모든 상황을 감당할 수가 없었다.

"어디 아파?"

"무슨 일 있어?"

"왜 그래, 괜찮을 거야."

"늦은 아이도 있어. 이런 아이가 대기만성 형이래."

이런 말들을 전해들은 난 솔직히 어떤 말도 하고 싶지 않았지만, 형식적으로 "네, 마음 써주셔서 감사합니다."라고 늘 예의상 대답했다. 그러나 곧 감당할 수 없는 아픔에 괴로워서 폭풍같이 눈물이 흐르기 시작했다. 정말 눈물만 났다. 무엇보다 밤마다 멈추지 않는 눈물을 아이가 보고 있다는 사실이 나를 더욱 힘겹게 했다. 얼굴은 생기를 잃어갔고, 가까스로 감사하는 마음을 표현했지만, 그저 말뿐이었다. 기쁨을 잃어버리고 만 것이다.

자존심은 버리되 자신감 있게 살아야 한다고 생각했던 나의 젊은 시절 좌우명은 온데간데없이 사라지고 나의 절망과 아픔은 가슴 깊이 묻은 채, 그냥 살아야만 했다. 살 수 있는데 죽고 싶다고 말하는 시어머니와 말기 암 판정을 받았지만 살고 싶은 친정 엄마, 그 사이에서 어떻게든 정신을 차려야만 했다. 그 와중에 친정 엄마의 암 투병 생활에 집중하기 위해 예지의 자폐 치료를 접을 수밖에 없었다.

그렇게 간병인으로 살았던 세월의 아픔은, 엄마가 세상을 떠난 후에도 좀처럼 치유되지 않았다. "살려주세요, 불쌍한 우리 엄마 살려주세요."라고 외쳤던 가슴이 저미도록 간절했던 삶. 그리고 엄마가 바라고 원하는 대로 모든 것을 다 지키려 했었던 나의 삶에는, 아무것도 남은 것이 없었다. 허무함이 그동안 차곡차곡 쌓아둔 감사의 나날들을 한꺼번에 사라지게 만든 것 같았다. "언제나 파이팅!" 하며 당당하게 한결같은 미소로 마지막까지 엄마 곁을 지켰는데, 후에 엄마를 하늘로 떠나보낸 그날은 상실감이 너무나도 컸다.

시도 때도 없이 찾아오는 그리움에 남몰래 눈물짓고 간간이 몸부림치며 시간을 보내던 중, 나는 청천벽력 같은 소식을 들었다. 유방과 자궁에 암이 생겼다는 것이다. 이제는 내가 암이라니. 그것도 하나가 아니라 몇 개씩이나…

기가 막히는 이 기분은 어떤 말로도 형용할 수 없었고, 누구의 말로도 위로가 되지 않았다. 누구의 말도 듣고 싶지 않았다. 가슴 한쪽을 잘라내고 자궁, 난소, 나팔관을 드러내는 수술을 한다는 것은, 그 누구라도 담담하게 받아들이긴 힘든 일일 것이다. 너무도 비참해진 나는 몸과 마음이 갈기갈기 찢어지는 기분이었다. 외로웠고 괴로웠으며 나도 이렇게 죽나 싶었고, 차라리 죽고 싶었다. 이 참에 하나님이 나를 데려갔으면 좋겠다는 마음이 들 정도였다.

그런데 또 언제 그랬냐는 듯이, 혼란스러웠던 시간은 나를 오늘날과 같이 유연하도록 바꾸어 놓았다. 나는 내 마음이 어느새 온유해졌음을 느꼈다. 어찌 보면 담대함을 가장한 뻔뻔한 마음일지도 모르겠지만, 예지와 가족들을 위해서는 내가 살아야 했기 때문에 기도하기 시작했다. 믿음으로 기도하는 시간을 놓치지 않으려 노력했다.

기도하는 시간이 내겐 유일한 혼자만의 시간이었고, 그렇게 잠시나마 복잡한 세상에서 분리될 수 있었다. 그 덕분에 지친 마음을 충전할 수 있었다. 난 나와 예지를 향해 쏟아졌던 중보기도*와 넘치게 받았던 사랑을 사는 날 동안 평생 잊지 못할 것 같다.

이 책을 쓴 이유는 이렇다.

또래 엄마들과 다른 삶을 보여주고 싶은 것이 아니다. 또한 발달장애인 자녀를 둔 부모들을 위한 위로의 책이 되기를 바라지도 않는다. 왜냐하면 나는 감히 발달장애인을 양육하는 부모들의 삶을 위로할 만큼 그다지 모범적인 사람은 아니기 때문이다. 다만, 발달장애인 아이와 함께 사는 평범한 일상을 조금 더 가치 있고 의미있게 살기 위해 노력하는 엄마일 뿐이다. 그래서 매일 기도하고 배워 온전하게 성숙해지길 소망하면

* 이웃을 위한 기도

서, 오늘 '하루'를 선물이라고 믿고 감사한 마음을 간직하고자 그 과정을 책에 담아 보았다. 나는 이 책에서 모든 일상 속에서 믿음의 확신, 사랑의 수고, 소망의 인내를 통해 감사하는 삶을 느끼고, 하루하루가 선물인 것처럼 한 걸음씩 성장하는 아이와 성숙해지는 엄마가 되어가는 이야기를 해보려 한다.

그리고 조선영 성교육 전문가와 함께 맘스라디오 〈예지맘의 괜찮아 시즌2〉에서 발달장애인의 성, 이성 교제에 관한 내용을 기획하여 10편의 방송을 마무리하는 동안 두 번의 암 수술을 받고 완치되는 회복의 과정에서 이 책을 출간할 수 있게 되어 참 감사하고 기쁘다.

그저 작은 소망이 하나 있다면, 이 책을 읽고 난 후 독자들의 가슴에 예지와 나의 삶을 통해 자녀에게 알맞는 또 하나의 좋은 길이 전해지길 바라본다.

마지막으로 딸 예지를 통해 몸과 마음이 아픈 아이들을 작게나마 도울 수 있어서 기쁘다. 컨테이너 학교, 수레바퀴 대안 학교가 시작된 것과 앞으로 함께할 한부모 가정 아이들, 요보호 아이들(고아)에게도 자비의 사랑으로 노는 아이, 참 자유와 기쁨을 누리는 인재로 성장할 수 있는 동행의 시작점이 이 책을 통해서 펼쳐지길 간절히 기도합니다.

어쩌다 엄마

| 기적 |

하나님의 말씀이 각각의 다른 무리들을 하나로 묶는다
악한 것은 태우고 다시 선한 것으로 살아난다
심령 깊은 한 곳에서부터 두려움 없는 사랑에 불이 타오르다

너를 품에 안고
진짜 엄마 됐어

2009년 12월 14일.

3.06kg의 한 아이가 이틀간의 진통을 통해서 세상에 나왔다.

"힘드셨죠. 건강한 아이입니다!"

드디어 이 말을 들었다!

정말 경이롭고 참 놀랍게도 믿어지지 않지만, 곧 모든 것이 믿어진 순간이었다. 나의 배 속에 아기가 정말 있었던 것이다! 임신 기간에 많은 태동을 자주 느꼈음에도 아이가 세상 밖으로 나와 내 품에 안겼을 때는 정말 신비로웠다. 나에게만큼은 참 존귀한 생명이었다.

돌이켜 보면 난 임신 중에도 특별한 태교를 그다지 유별스럽게 한 것은 없었다. 다만 예지가 태어나기 전까지 기도하며 손이 움직이는 대로

100점 이상의 성화聖畫를 계속 그려나갔다. 당시 남편은 학교에서 최고 연주자 과정을 이수하는 중이었다. 교수님의 추천으로 학생 신분이었지만 오페라 무대에도 서야 했고, 교회에서 종종 오라토리오 연주도 하고 있어 몹시 바빴다. 오페라 연주 프로젝트를 진행하던 남편이 집에 들어오지 못한 날에도 나는 마냥 외로워하기보다는 배 속의 아이와 함께 하고 있다는 그 힘으로 그림을 그리며 먼 땅 독일의 작은 마을인 오핑엔에서 살아갈 수 있었다.

예지의 태명은 '봄'이었다. 결혼한 지 4년째 되던 해 새싹이 움트는 봄에 임신 소식을 알았기 때문에 자연스레 태명도 봄이라고 짓게 되었다.

"봄아, 만물을 소생시키는 힘이 너를 아름답게 살게 할 것이다. 너를 지으신 조물주 하나님께서 이미 네게 아름다운 것, 선한 것을 다 주셨다." 라고 복중의 예지에게 항상 들려주었다.

그런데 그만 막달에 갑작스러운 위경련이 일어났고, 엎친 데 덮친 격으로 그 공포가 공황장애 증상까지 일으켰다. 바로 응급 치료를 받았지만, 또 한 번 쓰러졌다. 결국 몸 상태가 좋지 않아 예지를 난산하였다. 나는 감당하기 힘들어 울기만 했다.

양수가 먼저 터졌다. 마른 아이는 세상으로 나올 준비가 되지 않은 상태였고, 내가 호흡을 어떻게 하느냐에 따라 아이의 건강이 좌우되는 위험한 순간도 있었다. 나는 그저 이 아이를 살려야겠다는 간절함만으로 독일 오펜엔의 넓은 와인 포도밭 한가운데 서서 내가 믿는 신에게 감격과 기쁨에 차 서원기도를 했던 때를 떠올리며 또 한 번 기도했다.

"그저 이 아이가 살 수만 있다면, 제발! 살려주세요!"

이 마음으로 장시간의 통증과 출산의 고통을 견디며 이틀을 보냈다.

그리고 가족분만실에서 아이의 큰 울음소리를 들었을 때 나는 정말 기쁘게 울면서 외쳤다.

"정말, 정말 감사합니다!"

그건 내 삶의 첫 기적이었다.

그러나 동시에 내 삶의 덧없는 환란의 시작인 것을 그땐 알지 못했다.

가족 누가 보아도 걱정할 만큼 몸은 이미 만신창이가 되고, 힘들었지만 출산의 그 순간이 더욱더 숭고하고 아름답게 느껴졌던 건 결혼 4년째 되던 해에 선물처럼 찾아온 임신이었기 때문이었다. 너무도 기다린 임신이었기에 그 소식을 알고부터 출산을 하기까지 얼굴이 눈물 콧물로 범벅되었던 기쁨의 시간은 무엇으로도 표현할 수 없었다.

감당할 수 없을 만큼 아팠지만 기뻤고, 난 그렇게 '어쩌다 엄마'가 되었다.

새롭게 사는 인생길의 첫 출발선에서 탄생의 기쁨을 마주하며 아이를 안았다. 나 또한 새로운 세상에 직면한 기분이었다. 하나님이 주신 7가지의 타고난 재능을 통해 삶의 지혜를 깨닫길 바라는 마음으로 무지개

예叡, 깨달을 지知, 예수님의 지혜를 깨닫는 아이라는 뜻의 예지라는 이름을 지어 주었다. 그런데 이 아이가 나를 통해 세상을 만난다고 생각하니 한편으로 두렵기도 했다.

익숙한 것도 낯설게 느껴지는 시간이었다. 우리 둘이 같은 시간 속에서 서로 마주하였고 나는 해 본 적 없는 수유를 해야만 했다. 출산 전 미리 한국에 돌아와 있었기에 출산 후의 육아 교육은 받았지만 막상 연습과 실전은 어찌 그리도 다른지. 그리고 뱃속에서 들었는지 "봄아."라고 부르면 반응하는 시선, 그 서로를 바라보던 시선은 지금 생각해도 믿어지지 않는 경험이었다. 난산으로 이미 몸은 탈진했지만 이런 아이를 보는 기쁨이 육체적 힘듦을 밀어낼 정도였다. 너무나 신기한 기분으로 정신없이 일주일간을 산후조리원에서 보냈다.

친정집으로 돌아온 후에도 초보 엄마로 좌충우돌하며 쉬기는커녕 바쁜 나날을 보내게 되었다. 예지가 딸꾹질을 5분 이상 계속했을 때가 생각이 난다. 친정 엄마는 예지에게 물을 먹여 보라고 하고, 나는 젖을 먹인다고 하며 티격태격했다. 결국 예지는 물을 안 먹고, 젖을 물었다. 어찌 되었든 예지의 선택으로 초보 엄마가 노장 엄마를 이긴 것 같은 기억은 지금도 생생하다. 그때 예지한테 고마웠고, 난 뭔지 모를 각별한 모성애가 시작됨을 알 수 있었다.

예지가 생후 4주째 되던 날 우리는 비행기를 타고 독일로 향했다. 한국에서 살아도 아이와 함께 하니 낯선 기분이 드는데, 독일로 가게 되어 걱정하는 마음도 있었다. 작은 아기 바구니에 아이를 눕히고 초긴장했던 10시간, 드디어 독일 프랑크푸르트 공항에 비행기는 착륙했고, 불안 반 기대 반의 엄마로서의 생활은 시작되었다.

난
어쩌다
엄마
널
보며
난
신기해

아가야
아가야

튼튼하고
성실하게
슬기롭게
자라다오
어쩌다
엄마 된
네 엄마가

아이를 위한 기도
(주)마음새

독박 육아

| 두려움 |

이 세상 사는 동안
두려움은 우리에게 용납될 수 없다

넘어지면
나를 붙잡고 일어나

결혼을 하고 난 후 시댁은 결혼 전에 우려했던 것과는 완전히 다르게 참 화목했다. 너무도 특별하고 각별하며 무한하기까지 한 사랑을 받고 있음을 늘 느끼면서 살았던 것 같다. 남자 형제만 있는 집이었기 때문일까? 시부모 님은 나를 딸처럼 살갑게 대해 주셨다.

물론 감사하기도 했지만, 그 사랑이 나에게는 부담으로 다가와 조금 벅차게 느껴질 때도 있었다. 20대 때부터 타국에서의 독립적인 생활 습 관이 몸에 배어 있고, 오만 가지 아르바이트를 하며 낮에는 직장 생활, 밤 에는 공부를 하는 그야말로 주경야독하고 살았던 나에게 그분들이 나에 게 갖는 며느리로서의 기대가 때로는 나를 타이트하게 조이는 것 같은 느낌을 줄 때도 있었다. 내가 살았던 청년의 삶과는 180도 다른 삶이었 다. 아침 일찍 일어나 밥을 하고, 매일 음식을 만드는 일에 나의 하루를 다 쓰는 생활. 누군가는 정말 하는 일 없이 편하고 좋기만 한 삶으로 볼 수도 있겠지만, 그 이상의 에너지를 갖고 살았던 나에게는 이 시간이 참 낯설고 힘들고 답답하게 느껴지기도 했다. 또 해마다 친정 부모님과 시부모님의 요청으로 우리 부부는 여름과 겨울, 거의 3개월 가까운 기간을 서로 떨어져서 지내야 하는 날들도 있었다. 독일에 머무를 때면 시부모님께서 딸처럼 대해 주시던 나를 그리워하셨고, 전화 통화를 거의 주 3회 이상 했었다. 특히 예지를 낳은 후에는 아이를 보고 싶어 하는 마음이 크셔서 한국으로 자주 들어와야 했다. 20대에 외국에 나가서 살 때 친정 식구와 통화해 본 기억이 없는 나로서는 내가 살았던 패턴과 다른 삶이 조금 낯설게 느껴졌다.

그뿐만이 아니다. 독일에서 생활하던 시절, 예지가 아빠라는 존재를 알 때 즈음, 아빠는 정말 바빴다. 학교가 집에서 멀다는 이유로 학교 근처 기숙사에 머물렀으며, 종종 다른 지역으로 연주를 하러 다니거나 유럽의 여러 나라들을 다니며 성악 콩쿠르에도 나가야만 했다. 그것이 독일 유학생의 기본 생활이었다. 그때만 해도 나와 남편의 삶의 목표는 음악가로서 성공하는 데 집중하고 있었다.

그래서일까. 나는 그야말로 도와주는 이 하나 없는, 아무도 없는 곳에서 예지를 독박으로 육아하고 있는 느낌이었다. 유학 3년째쯤이었고, 아들 하나만 믿고 큰 인물이 되기를 간절히 바라시며, 뒷바라지해 주는 시부모님 생각에 남편에게 열심히 안 할 거면 한국으로 돌아가자고 했던 날까지 있었으니 어찌 보면 오히려 남편의 도움을 밀어내고 있었던 것도 있었다. 그때는 예지가 매일 3시간에 한 번씩 깨고, 혼합 수유를 했지만 모유를 물처럼 많이 마셨다.

집에 있을 때도 아빠는 늘 공부를 해야만 했고, 잠깐 쉴 때 빼고는 나와 예지는 다른 방에서 아빠가 편히 잘 수 있게 배려할 수밖에 없었다.

시부모님과 남편은 내가 느끼기에 뭔지 모를 미안한 마음으로 날 대했고, 동시에 늘 한결같은 사랑으로 지지해 주었다. 그 지지가 독박 육아를 가능하게 했던 것 같다. 아마 남편에게 지지 받지 못했다면 정말이지 불가능했을 것이다.

남편은 내게 말한다.

"당신은 진짜 긍정적이야! 어떻게 그렇게 사는지 대단해."

그런데 사실은 그렇지 않다.

내가 건강해야 아이도 건강하다는 생각을 하고 기도했기 때문이다. 끊임없이 내 안의 나를 힘들게 하는 수많은 생각을 기도로 내려놓으며 주어진 것에 최선을 다하자고 마음을 먹었기에 가능했던 것 같다.

사실 이런 일도 있었다. 언제나처럼 예지와 단 둘이 집에 있는 날이었다. 하필 남편이 집을 비운 날 왜 그런 일이 일어났는지 도무지 알 수 없었지만, 갑작스러운 공황장애 증상이 나에게 나타난 것이다. 갑자기 죽을 것처럼 숨이 턱 막히고, 몸은 식은땀으로 범벅이 되었다. 예지도 얼마나 놀랐을까. 혹시 엄마는 아파도 갑자기 아프고, 숨어서 아파하는 사람이라고 생각하지는 않았을지. 나는 결국 화장실 바닥에 쓰러져서 잠깐 기절했다. 죽을 때 이런 고통이 일까, 생각되리만큼 갑작스럽게 죽음에 직면하는 그 심정은 어떤 말로도 표현이 안 된다. 그래도 정말 감사하게도 그럴 때마다 나에게 와줬으면 좋겠다고 생각하는 사람에게 전화하면 꼭 받아주고, 한걸음에 멀리서도 달려와 주는 지인들이 있었다.

나도 힘들지 왜 안 힘들었겠나. 그저 예지와 남편을 향한 각별한 신뢰와 애정이 타국에서 6년이라는 유학 시절을 견디게 한 것이라는 생각이 든다.

예지가 태어난 지 101일째부터였던 것 같다.

100일 때까지는 산후조리에 집중하느라 몸을 움직이거나 활동하는 것 자체가 굉장히 조심스러웠다. 그러다 생후 100일을 맞은 예지를 위해 한국식 재료를 배송받아 상다리가 부러질 정도는 아니지만, 떡도 만들고 지인들과 기념 사진도 찍고 단촐하게 100일 잔치를 한 후에 한결 편한 마음으로 주변을 둘러보며 생활하게 되었다.

그러나 쉬운 일은 아니었다. 우리가 살던 곳은 외출하는 것 자체가 어려운 외딴 곳이었다. 그래서 예지를 데리고 외출하는 것은 더더욱 힘든 일이었다. 집으로 가려면 독일의 프라이부르크 시내에서부터 전차와 시내버스, 시외버스를 갈아타며 이동해야 했고, 당시 오핑엔에 한국인 가정이라고는 우리 3명의 가족이 유일했기에 고단한 일이 있어도 도움을 요청하기가 쉽지 않았다. 하지만 우리만의 전원일기를 촬영한다는 기분으로 그 작은 마을의 언덕 꼭대기 집에서부터 매일 노래를 부르며 유모차를 밀고 끌고 하며 오르락내리락 다녔다.

그리고 13개월이 되었을 즈음 예지가 걷고 싶은 의지를 보였다. 이때 난 아이의 성장 발달 정도를 계속 미니 홈피에 기록하고 있었다. 이때까지만 해도 뭔지 모를 불안이 있었지만, 발달 지연이라는 단어는 상상하지도 못했다. 분명히 이때도 예지는 "엄마."라고 부르지 않았고, 옹알이 같은 소리와 울음소리만 내고 있던 터였지만 '설마 그럴 리 없다! 이렇게 늦된 아이도 있지 뭐.' 하며 아이를 향한 어떤 의심도 하지 않았다. 그러나 예지는 아이패드와 같은 스마트폰 기계에서 나는 소리만 좋아하고, 눈 맞춤이 잘 안 되고, 아무런 말을 하지 않는 아이였다. 한국에서 안식년으로 독일에 온 수원의 원천침례교회 김 목사님께서 예지를 보더니 "이 아이는 눈으로 말하는 아이군요."라고 말씀한 적도 있었다.

그래도 감사했던 것은 예지는 정말 잘 먹고, 참 튼튼했으며, 사진을 찍으려 하면 늘 잘 웃는 성격이 밝은 아이였다. 또한 신발의 의미를 알고 꼭 신발을 신고 걷고 싶어 했다. 그래서 시작된 매일의 산책은 더할 나위 없이 좋았다. 난 예지의 외출복과 신발을 사는 즐거움을 느낄 수 있었고, 소리는 거의 내지 않았어도 미소 지으며 좋아하는 예지의 반응은 독박 육아하는 나를 조금은 행복하게 해주었다.

나는 예지에게 매일 말했다.

"엄마 손 잡아. 손 잡고 걷자!"

그런데 예지는 스스로 걷고 싶어 하면서도 잘 걷지 못했다. 넘어지고 엎어지고 다시 일어나 걷는 것을 힘겨워했다. 어기적거리며 걷는 모습을 볼 때마다 안타까웠다. 이미 걸어야 할 때가 지났는데 말이다. 또 어딘가 모르게 이해 안 되는 행동을 하고, 힘이 들면 안아 달라고 해야 하는데 계속 두 팔만 벌린 채로, 입은 닫고 눈으로만 말하는 아이를 볼 때마다 걱정도 되었다.

"잘한다! 옳지, 옳지, 잘하네!"

그래도 나는 이렇게 매일 매 순간 예지에게 목소리를 들려주었다.

"넘어지면 나를 붙잡고 일어나. 엄마가 옆에 있잖아. 넌 할 수 있어!"

울고 또 울고, 넘어지고 다치고 하면서 예지는 생후 15개월부터는 확실히 걸을 수 있게 되었다.

나는 예지가 집에 있을 때 다칠까 싶어서 불안했다. 집의 바닥이 돌로 되어 있었고 차가웠기 때문에 기는 행동은 거의 못하게 했다. 예지만의 공간을 마련해준답시고 아이를 그 공간 안에만 두기도 했다. 이 행동이 예지의 발달 과정 중 기어야 하는 때에 많이 기지 못하게 한 나의 어리석은 행동이었다는 것을 그때는 미처 알지 못한 채 그저 발달이 늦는 아이를 보면서 힘든 때도 있었다.

그리고 더 힘듦이 가중된 것은 그 당시 한국에 있는 친구들이나 지인들의 육아 모습이 나와는 판이하게 너무도 다른 방식이었다는 것이다. 또 그 아이들은 말도 너무나 잘하고, 빠른 성장을 보이곤 했기에 예지를 보면서 나도 모르게 그들과 비교하며 내 아이를 더 걱정하는 시선으로 바라볼 수밖에 없었다. 외국에서 생활하다 보니 예지의 주변에는 한국인 친구들이 아닌 외국인 친구들이 있을 수밖에 없었다. 요즘에는 어릴 적부터 외국어를 학습시키는 것이 거의 당연한 것처럼 인식되는 일이 많지만, 오히려 예지의 경우에는 외국어를 많이 접했던 것이 좋지 않았다. 언어를 받아들이는 것 자체가 버거웠던 아이에게 엄마와 아빠가 심지어 한국어와 독일어를 섞어 말하곤 했으니 예지가 더 혼란스러워하는 역효과가 있었던 것 같다. 대신 그곳은 한국에서처럼 교육열이 심하지 않고, 주위에 한국인 이웃들이 없었기에 일종의 필수 과정이라고 여겨지는 프○벨이나 짐○리와 같은 교육 프로그램을 접하지 못했던 것, 예지의 발달 과정을 세심히 체크하지 못한 것도 아쉬운 부분이다. 특히 예지에게 스마트폰을 많이 보여준 것, 유모차에 거치대를 설치하면서까지 어린 아이를 스마트폰에 너무 노출시킨 것은 나 스스로 가장 잘못한 점이라는 생각이 든다. 물론 아침과 저녁에는 늘 예지와 함께 산책을 다녔고, 넓게 펼쳐진 포도밭과 공원이 가까워 자연과 벗 삼아서 놀 수 있었던 점은 큰 축복이었지만 말이다.

나는 밥이라도 잘 먹이자 싶어서 매 끼니마다 새로 밥을 지었고, 예지에게 매번 다른 음식을 새롭게 만들어 주곤 했다. 무엇을 해 줘도 잘 먹는 예지를 보며 "우리 예지, 잘 먹네. 잘 먹네."라고 아이를 격려하면서 동시에 나 스스로를 위로했던 것 같다.

내가 기억하고 싶었던 것, 그것은 어제의 넘어진 실패한 기억이었다. 그 기억이 아이를 다시 일어설 수 있는 아이로 만들 것이라는 믿음이 있었다. 오늘은 또 다시 주어진 새로운 날이기에 예지에게 다시 손을 내밀었고, "할 수 있어! 걸을 수 있어!"라고 외쳤다.

어느 날, 나의 손을 잡고 힘 있게 일어선 아이를 보며 "엄마는 네 옆에 있을 거야. 넘어지면 나를 붙잡고 일어나!"라고, 동시에 "분명히 넌 말도 할 거야!"라고 이야기해 주었다.

나의 어리석음을 전혀 발견하지 못했음에도 힘을 내고 일어서는 예지를 보며, 한 발 한 발 앞으로 나아갈 때마다 분명 잘 성장할 거라는 믿음이 생겼다. 아이를 향한 신뢰감이 형성된 것이다.

이 일을 통해서 알았다. 내가 부족해도 아이는 성장한다는 것을.

내 손을 잡고

네가 한 발짝 걸으며

앞으로 나아가면

어느덧

난

널

향해

작은

믿음이

싹트고

사랑이

커진다

아이를 위한 기도

(주)마음새

너의 가장
작은 신음까지
놓치지 않을게

"응애, 응애."

"손가락, 발가락 다 있고요. 아이는 건강합니다!"

바로 이 소리를 듣는 순간 세상의 모든 것을 다 얻는 듯한 기분이 들었고, 충만한 기쁨에 행복했다.

그러나 나는 아이를 낳고 일주일째 되는 날 결국 탈진하고 말았다. 순식간에, 출산 후의 붓기가 단번에 빠져버릴 만큼 체력이 완전히 소진해버린 상태에 이르렀다.

나의 몸 상태가 이렇게 바닥을 친 것도 모르고 수유를 시작했다. 초보 엄마로서 어찌 되었든 꼭 아이에게 젖을 물려 보겠다는 굳은 의지는 아픈 상황도 뛰어 넘어 초인적인 힘을 발휘하게 만들었다. 아이가 신음할 때마다 나는 크게 반응하면 어찌 해야 할지 그 초조함은 이루 말할 수 없었다.

아무것도 모르는 산후조리원에서의 생활은 시행착오 투성이에 불안감도 있었다. 한번은 아이가 설사 같은 변을 누기에 무슨 큰일이나 난 듯이 어디에 문제가 있는 건 아닌지 의사 선생님들에게 원인을 묻기도 했다. 궁금한 것이 많았지만 막상 그 궁금증을 해결해 준 사람들은 없었던 것 같다. 그저 산모를 안심시키는 "괜찮습니다."라는 그 한마디뿐이었다.

면회 시간은 예약제로 정해져 있었기에 조금 외로웠으나 그곳에서도 엄마들과 수다는 여전했다. 다들 초보 엄마들일 텐데도 교육을 미리 잘 받아서인지 나만 빼고 다들 모유 수유를 잘하는 모습을 보며 신기할 따름이었다. 목도 못 가누는 아이를 돌보고, 아이의 기저귀를 갈면서 작은 움직임과 울음에 귀를 기울였고, 창조의 신비를 동시에 경험했다. 초보 엄마의 길에 들어선 것을 실감하고 나니, 잘 먹고 힘내야 한다는 생각으로 나날을 보냈다. 아이에게 좋은 영양을 공급하고자 최선을 다해 잘 먹고, 잘 쉬었다. 이때는 내 몸이 축나는 것도 모르고 그저 아이를 보는 것이 너무나 좋아서 마냥 기쁘고 행복했던 것 같다.

그러다가도 수유 중 젖몸살로 너무 아프고, 어느 순간 시간에 맞춰서 때마다 아이에게 모유와 분유를 제공해 줘야 하는 공급자가 되어 버린 내 모습에 젖소와 다를 바 없는 동물이 된 듯한 기분이 들었던 적도 있었다. 그래도 감사하고 좋아 웃음나는 날들이 더 많았다. 나를 닮은 구석 하나 찾아볼 수 없이 어찌나 아빠만 닮았는지 예지의 얼굴을 볼 때마다 신기했다.

어쩌면 이때부터 예지가 발달 지연의 모습을 이미 보이곤 했는지도 모른다. 주변 사람들은 유난히 예지의 눈이 몰린 것 같다며 초점이 안 맞는다는 이야기를 조심스레 해주었지만 크게 괘념치 않았다. 지금 와 생각해 보면 아쉬움보다 오히려 부모는 가장 알맞은 때에 아이의 현주소를 알게 된 것이 아닌가 하는 생각에 마음을 놓았다.

그리고 딸아이가 웬만해서는 울지 않아 작은 신음에도 나는 늘 너무 민감하게 반응하게 되었다. 아이를 계속 울게 두면 성격이 나빠진다는 시아버지의 말씀에 '아이를 울리면 난 나쁜 엄마다!'라는 말을 마음에 새기고 아이를 돌보았다. 지금 생각하면 예지를 오히려 더 강하게 울렸다면 감정을 더 부추기며 키울 수 있었을 거라는 아쉬움도 남는다. 그러나 그때는 그 결정이 최선이었고, 나조차도 예지가 우는 것을 오래 지켜보면 내 감정이 동요되어 더 힘들었던 것 같다. 아이가 울면 큰일이라도 난 것처럼 생각한 나의 잘못된 판단과 무지함 그리고 예지가 조금이라도 울어대면 무엇 때문에 아이를 울리느냐고 반문하는 사람들의 시선이 나의 마음을 더 힘들게 한 걸지도 모른다. 결국 스스로가 평안하지 않았기 때문에 뭔지 모르게 불안하고 초조한 엄마의 태도가 아이의 발달이 지연되는 것에 한 몫을 담당한 것은 아닌가 생각한 날도 있었다.

아이를 낳은 엄마라면 누구나 내 아이는 귀하고 귀하다고 말할 것이다. 그러나 결혼 후 조금 늦은 임신을 했던 내 입장에서 귀한 아이는 내가 믿는 신이 주신 선물이라는 생각으로 나의 삶의 기준점이 된 존재였기에 예지에게 항상 시선을 떼지 않았다.

시간이 지날수록 아이가 내 곁을 떠나지 않는 시간이 계속되었다. 눕혀 놓고 잘 자겠지 싶어 방에 혼자 두고 나오면 5분도 안 돼서 깨는 예지를 돌봐야 했다. 젖을 물고 잠든 아이가 아닌데도, 나의 체온이 사라지면 바로 깨는 아이를 보며 숙면은 포기하고 살았다. 또 혼합 수유를 했는데도 아이는 물 마시듯이 모유를 계속 찾았고, 늘 품에 안겨 있기를 원했다. 모유를 잘 먹는 아이에게 고마웠는데, 그러다 보니 결국 수유 기간이 생후 15개월까지 가고 말았다. 물을 마시기를 거부하고, 빨대를 빠는 것을 싫어하며 알려줘도 사용을 못 했던 예지가 어느 시점부터 컵에 입을 대고 물을 마시기 시작했고, 예지는 엄마의 젖과 이별해야 하는 고통의 시간을 보내야만 했다. 예상컨대 아마도 예지에게는 굉장한 아픔이 아니었을까. 왜냐하면 나 스스로도 아쉬움이 컸기 때문이다. 결국 이 일도 엄마인 내가 결단을 내리지 못한 것이 한 가지 원인으로 작용한 것 같다.

그래도 참 대견했던 것은 매 끼니 무엇을 주든지 예지가 밥을 잘 먹어주었다는 것이다. 아빠를 따라 한국과 독일을 오고가며 살았던 기간 동안 예지에게 유난히 고마운 부분 중 하나이다. 예지가 밥을 잘 먹는 것은 아빠를 닮아서이기도 하다. 키 180cm, 몸무게 100kg의 건장한 체형인 데다가 가리는 음식도 없이 뭐든지 잘 먹는 아빠의 체질을 물려받은 면이 있다. 그러나 아빠를 닮아서 그렇다고 단순명료하게 대답할 만큼 내가 한 노력들이 없던 것은 아니었다. 예지가 밥을 잘 먹는 아이가 된 것은 철저하고 세밀한 이유식의 단계를 거친 결과 만들어진 일이다. 먹는 것을 무서워하지 않고 의심하지 않는 아이가 되길 원했던 엄마의 큰 뜻도 한몫했다.

아이에게는 매 끼니를 다양한 재료로, 새 밥을 지어 매번 다르게 정성스럽게 만들면서 어느 날 정신을 차려 보니 정작 나는 부엌에서 초코파이 하나를 서서 먹고 있었다. 얼마나 삶에 여유가 없으면 서서 초코파이를, 그것도 독일에서 먹고 있었을까. 나는 오로지 아이가 아프지 않기를 바라면서 건강한 아이의 모습을 상상하며 특히 먹는 부분에 신경을 많이 썼던 것 같다.

정말 철저하게 유기농으로 재료를 준비하고, 재료는 최고로 신선한 것들만 썼다. 각종 야채를 단계별로 조리해서 예지의 입맛에 최대한 맞춰서 요리했다. 12개월까지는 소금이나 설탕은 절대 안 썼고, 이때 당시만 해도 아이의 입맛에 맞추느라고 더 예민해져서 온갖 깐깐함의 극치를 보였다. 15개월 전까지는 인스턴트 음식은 입에 대지 않게 했다. 이런 모습을 보며 부모님들은 별나게 유난을 떤다고까지 말씀했으니 예지를 향한 독박 육아에 임한 나의 태도를 짐작할 수 있을 것이다.

예지가 외식이 가능할 때부터는 타국에서의 라이프스타일을 주변 사람들에게 거침없이 오픈하는 여유가 생기기 시작했다. 그래서였을까. 우리 집에는 작은 여유와 어울리는 슬로건이 생겼고, 난 '러브하우스' 오픈엔닥이 되었다.

남편이 부재중일 때에도 끊임없이 사람들의 왕래가 집으로 이어지곤 했고 난 밥을 짓기 시작했다.

결혼 전에는 주경야독하던 내가 딸아이의 신음과 주변 유학생들의 신음에 같이 반응하는 그리고 그 신음에 내 신음을 포개 놓아둘 줄 아는 사람이 된 것이다. 외로운 내가 외로운 아이와 청년들에게 조금이라도 도움이 되면 좋겠다는 마음으로 '밥 짓는 여자 & 밥 하는 엄마'로서 또 다른 나를 만들어 가고 있었던 것이다.

그저 신음하는 유학생 청년들을 도와야 한다는 마음으로 출발한 작은 일이, 그저 밥 짓고 그들이 잠깐이라도 쉴 곳을 마련해 준 이 작은 계기가 예지의 신음을 줄여가는 일이 될 것이라고 상상도 못했다. 예지에게 새로운 가족이 생겨났던 것이다. 형제가 없는 외로운 이 아이를 위해 기도해 주는 이모들과 삼촌들의 무궁무진한 사랑이 아빠의 부재를 조금은 덮어주고 있었던 것 같다. 언니, 오빠, 이모, 삼촌들이 예지를 안아주고 온갖 것을 다 챙겨주면서 신음할 틈도 없게 한 건지도 모르겠다. "예지는 정말 순하네요. 어쩜 이렇게 순할까요?"라는 말을 들었을 때, 이 뒤에 내게 무슨 일이 벌어질지 전혀 모른 채 매일을 감사하며 즐겁게 기쁨을 나누며 지냈다. 그날이 오기 전까지 봉사하고 누리며 내게 주어지는 평범한 일상을 보냈다.

그러던 어느 날 한쪽 다리가 부러진 아기 새 한 마리가 우리 집으로 왔다. 이 새를 한번 살려 보겠다고 밥도 먹이고 붕대도 감아주며 나의 긍휼을 다해 도왔다. 하지만 결국 안락사를 시켜야만 하는 순간이 오고 말았다. 땅에 깊이 묻어주고 아기 새와 작별의 시간을 보내야 했다.

살아 있는 것과 병든 것 그리고 죽는 것에 대해서 조금 깊이 생각할
수 있었던 일이었다.

이후에 나의 긍휼만으로는 모든 것을 살려낼 수 없다는 자연의 섭리
를 깨달았다. 그리고 신음하는 모든 것에 반응하는 나의 모습에도 어느
정점에서의 한계점이 있다는 것도 알게 된 소중한 계기였다.

네

신음을

마주한

그날

나는

나의

나약함을

보았어

그리고

네

신음이

멈춰진

그

순간

나의

작음을

더

느낀다

아이를 위한 기도

(주)마음새

마음을 괴롭히지 않는
마음이 필요해

그날의 먹먹함은 나를 절망이라는 깊은 수렁에 빠지게 했다. 그때를 되돌아 보면 그 절망과 깊은 슬픔은 나의 인생 전체를 변화시키는 터닝 포인트의 시점이었다.

눈물을 끊임없이 흘려대고, 이성을 차릴 수 없는 시간들을 보낸 나의 가족들은 기도하며 이 눈물이 제발 멈추기를 바라는 마음으로 바라보았다. 하지만 나는 그들의 동참을 진심으로 받아들일 수 없었고, 계속 도대체 왜, 왜! 예지가 자폐가 되었는지 알고 싶은 마음뿐이었다. 내가 아이에게 무슨 짓을 저질렀기에 이런 날벼락 같은 일이 생겼는지 알고 싶었고, 오직 이러한 생각에만 사로잡혀 나와 우리 가족과 예지에게 일어난 일에 집중하고 있었다.

이렇게 집중할 수밖에 없는 날들이 나를 기도의 자리에 있게 했다. 정말 믿어지지 않는 이야기에 힘들었지만, 당시 시아버지가 위독한 상황이었기에 더 힘들어 한 남편과 시댁 식구들, 온 친척까지 함께 매일 병원 밖 벤치에 돗자리를 펴고 찬양 예배드려야 했었다.

늘 나를 보며 뭐가 그리도 좋으신지 웃음을 지으시던, 참 끔찍이도 나를 사랑해 주시던 시아버지의 모습은 지금도 눈에 선하다. 시아버지는 결혼식 후 나에게 이렇게 말씀하셨다.

"민주야. 넌 날 이제 아버님이라고 어렵게 부르지 말고 아버지라 해야 한다. 난 네 아버지다! 알았니?"

연애 중 한 번 헤어졌다가 다시 만나면서 시댁 집안에서 반대가 있었던 결혼이어서 나로서는 눈물이 날 만큼 감사한 말이었고 사랑이었다.

만남에서 이별까지 그에게 특별한 사랑을 받은 나였다. 그리고 세상에 하나뿐인 시아버지의 마지막 권면은 예지의 발달 검사를 해보라는 것이었다. 그래서 바로 검사를 했지만, 시아버지는 결과를 듣지 못하신 채 소천하셨기에 너무도 죄송한 마음이 들었다. 남은 가족들은 고통의 시간들을 보내야 했고, 더, 더 기도의 자리로 나아갈 수밖에 없는 상황에 이르렀던 것 같다.

단 한 번의 검사로 딸아이의 발달이 늦은 상태라는 사실을 알게 되었다. 누가 봐도 이미 늦된 모습의 예지였지만, 이 결과는 긴가민가하며 달려 온 그동안의 시간을 무색하게 했다. 또 당장 발달 지연 치료를 시작해야만 한다는 말이 감당할 수 없는 슬픔으로 점점 커졌다. 난 아이를 향해서 한없이, 어쩌면 평생을 두고두고 미안한 마음으로 살아가야 하는 나

뻔 엄마라는 슬픈 생각이 들었다. 죄인의 마음으로 하루하루를 죄의식에 빠져 사는 자가 되는 길을 걸어야 할지도 모른다는 아픔과 두려움이 날 사로잡았다.

곧 예지의 치료가 시작되었다. 치료를 한 지 3개월도 안 되어 친정 엄마의 암 재발 소식을 접한 나는 불평하거나 원망할 수도 없었다. 하루의 24시간이 어떻게 가는지 모를 만큼 시간은 날 점점 연약하게 했고, 내가 부족한 사람임을 기도로 고백하게 했다.

내 아이도 소중하지만, 내 인생에서 이 두 분은 나를 지금껏 이토록 살 수 있게 인도한 분들이었다. 그래서 어떻게든 이들의 삶에서 감사를 잃어버리게 하고 싶지 않았다. 나 또한 당면한 현실 앞에 가슴이 미어지게 절망하고 쓰러졌지만, 믿음으로 중심을 바로잡고 다시 일어설 수밖에 없었다. 유아기 때 친할아버지로부터 받은 남달랐던 사랑의 특별한 씨앗이 내 속에서 자라나 열매로 맺어지기를 간절하게 소망하고 있었기 때문에 새벽에라도 기도의 자리에 있으려고 노력했다. 또 예지를 임신했을 때 그렸던 성화가 너무도 많은 이들에게 선물로써 귀한 몫을 감당하고 있었던 터라 절망이라는 이유로 깊은 슬픔에 빠져 있을 수만은 없었다. 그때 당시 기쁨으로 그림을 그리고, 댓글을 달면서 이렇게 고백의 글을 남겼다.

"내 욕심내지 않으며, 내 기대하지 않으며."

나 스스로를 아프게 하는 마음의 소리에만 귀 기울이면 안 되겠다고 생각했다. 이와 같은 상황에서도 '항상 기뻐하라.'는 성경 말씀이 내 마음을 두드렸고, 주변에 더 감사하기를 바라는 내면의 작은 울림에 집중할 수 있었다. 이러한 마음가짐을 통해 나를 괴롭히는 또 다른 마음으로부터 조금이나마 벗어날 수 있었다.

내 영혼을 짓누르던 마음에서는 나올 수 있었지만, 나의 현실은 바뀌지 않았고, 직면한 상황은 더욱더 악화되어만 갔다.

친정 엄마의 암 투병이 시작된 것이다. 독일에서 즐거운 마음으로 나누며 살던 기쁨의 삶은 온데간데없어지고, 매일 병원 밥을 안 드시겠다는 엄마를 위해서 음식 만들어 드리는 시간을 보내야 했다. 지금 다시 되돌려 생각해 보면 이 때 이 시간이 나에게 있어 엄마와 완전한 애착을 다시 형성하는 데 기회의 시간이 아니었나 하는 생각이 든다. 그전까지 내 친정 엄마를 향한 감정은 단지 '엄마라고 말하기에 뭔지 모를 불쌍함과 대단함, 그 양가감정이 겹쳐 있는 상태였기에 설명하기 모호할 뿐이었다. 그런데 이 모호했던 감정들을 정리할 수 있는 시간을 엄마가 소천하기 전까지 갖게 되어 정말 감사했다.

엄마 역시도 나와 같았을 것 같다.

어느 한순간도 불안해하지 않고, 죽음을 두려워하지 않았다. 너무도 평온하게, 평안한 모습으로 늘 자랑스럽게 여기고 사랑했던 사위의 찬양을 들으며 세상을 떠난 나의 엄마.

이제는 엄마에게 받은 유일한 유산인 믿음과 유언장을 보면서 엄마의 모습을 기억한다. 이 글은 때때로 엄마를 더 그립게도 하고, 스스로를 위로하기도 하며, 다시 삶의 원동력이 되어 분발할 수 있는 힘이 되어주기도 한다.

＊엄마의 편지

딸에게

오늘 밤이 많이 좋지 않다

배도 많이 아프고 여러 가지네

우리 딸에게 마지막 편지라 생각하니 슬프다

우리는 모두들 만남이 있으면 헤어짐도 있는 거야

처음 만날 때 이미 헤어짐을 기약하고 만난다잖아

어느 엄마나 마찬가지로 자기 자식은 남보다 부족함 없이 잘 키워서

훌륭한 사람으로 키워 놓는 것이 엄마들의 소원이듯이

나도 그 속에 속해 있었지

그러다 어느 날 중간에 삐걱하고 소리 나게 힘겨워지게 됐고

끝내는 나의 희망을 잃고 말았지

그러나 모든 것을 거스르고

너 자신이 잘 자라고 정상을 찾아 잘 해 나가기 시작하고

어린 것을 먼 나라까지 보내야 하는 슬픔도 겪으면서 나는 많이 아팠다

고맙게도 잘 자라서 훌륭한 어른들과 남편을 만나

정상의 가정을 살아가고 있으니

더 이상 무엇이 필요하겠니

딸 잘 키우고 어른 공경 잘하고

엄마로서 마누라로서 며느리로서 잘 이루고 살아줘서 고맙고

어렵고 힘든 가운데 엄마가 아파서

너한테 짐을 지워줘서 미안하고 안쓰럽다

세상에서 가장 값진 인생이 무엇인가를 생각해 보니까

욕심 없이 주어진 만큼만 해 나갈 정도 하고 사는 것 같다

사실은 이것도 그렇게 하려면 노력 많이 해야 해

엄마는 지금 아쉬움이 있다면 나란 사람에게 소홀한 점이야

나 자신에게 사랑을 베풀고

자신에게 남들 하는 만큼 이상을 하고 사는 것이다

엄마는 열심히만 살았지 아무런 소득을 얻지 못하고 산 것이 후회스럽다

하지만 이만큼도 고맙게 생각한다

은주야

너는 인생을 후회 없이 사는 방법을 터득하며 살아가는 거야

너희들에게 육체적인 고통은 없을 거야

내가 모두 거두어 갈 거고 그렇게 만들지 않을 거야

엄마를 마지막까지 잘 부탁해

슬퍼하지 말고 예쁘게 떠나갈 수 있게 도와줘

짓질이처럼 되긴 싫다 우리 딸 믿어!

사랑한다 딸

고맙다 딸

바보 엄마가.

2013. 11. 17. 밤

엄마는 그랬다. 어릴 적부터 유난히 눈물 많은 나를 보며 힘들어 했지만, 엄마는 결국 나에게 똑같은 말을 끝끝내 했다. 너를 믿는다고. 그리고 난 죽음을 직면한 엄마에게 정말 듣고 싶었던 말, 기다리고 기다렸던 사랑한다는 말을 엄마의 유서를 통해서 들었다.

그리고 이 말을 들은 나는 그랬다. 아무 말도 하지 못했다. 그 어떤 말도 할 수 없었다. 그저 가슴이 도려내지는 슬픔을 다시 마음 깊숙이 묻었고, 하염없이 흐르는 눈물은 멈출 수가 없었다.

※ 내 이름은 원래 은주였는데, 민주로 바꾸게 되었다. 외국으로 나가면서 어쩔 수 없는 계기로 개명을 하게 되었지만, 신기하게도 이로 인해 나의 삶도 변화되었다.

살아서

그리고

죽어서

서로의

길을

가는

이별한

가족

헤어짐

그

아픔이

삶에

원동력 되어

이제는

더한

기쁨 되어 살길

아이를 위한 기도

(주)마음새

혼자 노는 아이

| 내려놓음 |

쉽게 말한다
다 내려놓고, 이젠 욕심이, 바라는 것조차 없다고…
하지만…

나는 보이지도
들리지도 않아요
그래서 말할 수 없어요

예지가 스마트폰에 관심을 갖기 시작한 때가 생후 8개월 때가 아니었나 싶다. 아마도 이때부터 조금씩 혼자 노는 것을 즐기게 된 것 같다. 정말 일찍 혼자가 된 아이. 왜 그때는 그 모습을 보고도 '혼자 노는 아이'라는 생각은 전혀 들지 않았던 것일까. 스마트폰을 능수능란하게 다루는 예지를 보며 오히려 대단하다고, 천재라고 생각했다. 이 어린 아이가 어떻게 알고 이렇게 기계를 잘 다룰까 하는 생각에 어떤 의심도 하지 않았다.

그래서 말을 못하는 예지는 4살까지 쭉 집중적으로 혼자 스마트폰만 보면서 놀았다. 나나 다른 사람들의 눈을 보는 것보다 오직 스마트폰과 마주하며 만화와 동요를 듣는 것을 즐겼으니 말이다. 아마도 예지의 모습이 다음 세대를 이끌어 갈 아이들의 어린 시절 놀이 문화로 당연한 것이 아닌가 싶어 크게 걱정하지 않았던 것 같다. 다만 내 아이의 놀이 모습을 보면서 점점 아날로그적인 정情과 사랑은 소멸되어 가는 것이 아닌지 조금 안타까운 면이 있기는 했다.

그런데 이러한 행동은 정이 사라져 가는 것뿐만 아니라 더 큰 문제를 낳는 부분이 있다는 것을 알게 되었다. 아이가 생후 12개월 전부터 스마트폰을 보게 되면, 언어 발달의 지연은 물론이거니와 시력과 청각의 기능에 이상이 생기고, 때에 맞는 온전한 성장을 막는 장애 요인이 된다는 것이다. 또한 스마트폰에 지나치게 장시간 노출되면, 성장 발육 중인 어린 아이의 뇌 기능을 현저히 저하시켜 발달이 지연되는 일을 야기하며, 모든 감각에도 발달 지연을 일으키는 요인이 될 수 있다는 것이었다.

예지가 바로 이와 같았다. 참 무지한 엄마의 육아 방식으로 인해 자폐 성향을 갖고 있던 예지가 지나친 스마트폰 사용과 시청으로 더 자폐아의 모습을 보이고 있었다. 이제야 알게 된 지식이 그때도 조금이나마 있었다면 이렇게까지는 되지는 않았을 거라는 마음에 정말 아이에게 미안하고, 미리 그 경험을 차단시키지 못한 일이 죄책감을 불러일으키곤 했다. 잘 보이지도 않는 아이, 잘 듣지 못하는 아이를 방치해 아동학대한 엄마일지도 모르겠다. 그리고 이 당시에는 치료 센터에만 보내면 문제 없을 줄만 알았다.

약간의 변명을 해보자면 집안 환경으로 인해 예지에게 많이 신경을 쓸 수가 없었다.

어쩔 수 없는 방치.

소위 말하는 방임을 했다는 것을 너무도 인정한다. 이러지도 못하고 저러지도 못하고, 기도만 할 뿐이었던 것 같다.

예지는 34개월에 발달 지연과 언어 지연이라는 진단을 받고, 36개월 이후 자폐성발달장애의 길을 걸어야만 했다.

강행군의 치료가 계속되었다. 그래도 짜증 한 번 안 내는 딸의 모습은 참으로 신기했다. 당시에 아이를 바라보는 나의 심정은 오만 가지 생각으로 수많은 갈등 가운데 놓여 있었지만, 늘 현실과 대립할 수는 없었다. 다시 독일로 가야 하는 상황이 되면 한국을 떠났고, 또 한국에 가야 하는 상황이면 다시 독일에서 나오게 되는 이런 일련의 일을 반복해야만 했다. 난 그 맡겨진 자리에서 최선이라는 삶을 살기 위해 노력해야 했다. 아무것도 모르는 나, 무엇을 어찌 해야 할지 모르는 나는 그저 더 감사하려 하고, 더 나누고 울고 웃으며 간절하게 소망하며 살아갈 뿐이었다.

그러다가 친정 엄마의 암 재발 소식을 듣게 되었다. 청천벽력 날벼락! 나에게 이러면 안 되는 거였다. 정말 이런 일은 있지 않길 바랐다. 나만 보면 하염없이 우는 친정 엄마의 모습을 보며 앞에서는 "난 괜찮아! 다 잘 될 거야."하며 웃어야 했고, 돌아서서 울어야 했다. 어느새 그 모든 일들은 나에게 현실이었다. 더 간절해지는 기도, 내가 할 수 있는 일이 없다는 고백, 사는 동안 남은 시간을 함께 보낼 수 있게 도와달라는 눈물만 있었을 뿐이다.

많은 사람이 반대를 했지만, 결국 친정 엄마의 암 재발과 함께 아이의 치료도 중단을 했다. 둘 다 돌볼 여력이 없었기에 한쪽을 내려놓아야만 했다. 그 중 내려놓은 쪽은 에지였다.

정말 어려운 선택이었다. 지금 치료가 지연되면 더 갈 곳이 없는데도 가슴 한 켠이 도려내지는 아픔으로 내려놓아야 했다. 내 아이의 치료도 급했기에 더 감당할 수 없을 만큼 아팠다. 그러나 남편은 늘 나를 지지해 주었고, 무엇을 결정해도 당신을 믿는다는 말을 꼭 들려주었기에 큰 힘이 되었다.

새벽 기도 중에 마음 깊은 곳에서 울림이 있었다.

그것은 '사랑'이었다.

"진정으로 아이에게 본을 보이는 삶을 사는 것이 최고의 사랑이다!"

그런데 그러기에는 난 너무도 연약하고 부족했다. 내가 무엇을 어찌할 수 없는 형편이었다. 그래서 내가 할 수 있는 일부터 시작하기로 했다. 엄마가 나에게 원하는 것을 해 드리기로 했다. 병원 밥을 절대적으로 드시기 싫어했던 엄마에게 음식 배달을 했다. "엄마, 오배달 왔어요."하며 들어가면 방긋 웃으며 "어디 어디 먹어볼까? 내 딸이 이렇게 반찬 만들어 왔어요. 정말 착한 딸이지 않아요?"라며 주변 사람들에 자랑하고, 너무도 좋아하던 모습이 지금도 선하다.

이렇게 친정 엄마를 돌볼 수 있었던 것은 당시 시어머니와 함께 살고 있는 상황이었지만, 감사하게도 시어머니의 승낙과 넉넉한 사랑의 도움이 있었기에 가능한 일이었다고 생각한다. 우리가 지금 모두 힘들지만, 가족이 하나 되어 함께 하는 시간을 통해서 사랑을 알게 될 것이라는 작은 소망으로 매일을 살았다. 그 소망이 희망으로 연결되었고, 아프지만

티 한 번 내지 않고 감사하다 말하는 남편과 아픈 두 엄마, 그 모든 것을 지켜보는 더 아픈 나, 확실하게 보이지 않고 선명히 들리지 않는 예지 이 렇게 모두 매일 기도하며 함께 맞이하는 하루하루를 평범하게 울고 웃으 며 지내려 했다.

이러한 날들 가운데 놀라운 일들이 생겼다. 바로 엄마를 위해 선택한 그 일이 궁극적으로 예지를 보살피는 일이 되는 것을 묵도하자 하나둘씩 응답이 생기기 시작했다는 것이다. 우연이라고 하기에는 매번 신기했다.

우리는 늘 엄마가 가보고 싶어 하는 곳으로 갔다. 계획해서 가는 것도 아니었다. 오히려 계획을 하면 그 일은 틀어졌고, 그냥 말 떨어지기가 무 섭게 즉흥적으로, 마음이 닿는 곳으로 가면 예지를 위해 준비된 공간이 듯이 그때 예지의 발달 상황에 맞는 도구들이 준비되어 있었다. 친정 엄 마가 좋아하시는 메뉴가 있는 한정식 집에 갔을 뿐인데, 그곳에는 트램펄 린이 있어서 예지가 뛰어놀 수 있었고, 항암 치료를 받던 중에 쑥 뜸을 뜨 러 갔을 때는 그곳에 각종 초식동물들과 새들이 있어서 예지가 동물들과 교감할 수 있는 기회가 되었다. 또 다니던 병원과 다른 병원에 갔을 때 예 지가 좋아하는 물고기들을 만져볼 수 있는 체험 시설이 되어 있다든가 하 는 일이 종종 있었다. 나는 아이에게 맞는 놀이를 해줄 수 없는 엄마였다. 이런 모든 상황은 다른 이들에게는 지극히 별것도 아닌 것이 될 수도 있 고, 작게 여겨질 수도 있겠지만 나는 그저 눈물 나게 감사했다.

친정 엄마가 말기 암 바로 직전인 임파선 암 3기였을 때, 이때부터 가족 간의 교감을 통해 사랑의 열매가 익어갔다고 생각한다. 비록 병의 진행 속도로 인해 수술이 되지 않아 치료를 중단하기로 결단한 슬픈 상황이었지만 말이다.

예지는 치료 센터를 그만 두어 발달장애인 치료 시스템에서는 벗어났다. 더 이상 예지가 정말 완강하게 울면서 거부했던, 말을 내뱉게 하기 위해 강행했던 터치 테라피 치료를 하지 않아도 되었다. 지금 와 생각해 보니 일방적으로 맨살을 두들겨 맞는 그 일이 예지에게 얼마나 두려웠고 공포였을까 싶다.

그리고 예지는 두 할머니들로부터 엄청난 사랑을 받으며 그 아팠던 기억을 보상받을 수 있었고, 감정이 다시 살아나게 되었다. 나와 친정 엄마 그리고 시어머니와 특별한 사랑의 스킨십이 일어났다.

혼자였던 예지가 모두의 사랑 덕분에 가족 구성원으로 온전하게 들어오게 된 것이다.

아이들은

말한다

보고 싶어요

듣고 싶어요

알고 싶어요

살고 싶어요

도와주세요

사랑으로요

아이를 위한 기도

(주)마음새

세상이
무서워요

　그러나 가족으로부터 넘치는 사랑을 받았다고 해서 예지의 행동들이
갑자기 내가 원하는 모습으로 바뀌거나 말문이 열리는 모습을 보였느냐
하면 그것은 결단코 아니었다.

　아이는 여전히 어떤 욕구도 없는 모습이었다. 예지는 다른 아이들이
다 하는 손가락으로 가리키는 행동, 포인팅을 하는 아이가 아니었다. 무
조건 앞으로 뛰어다니는, 눈 감고 뛰고 그러다가 아무데나 타고 올라가
있는 아이었다. 그리고 물건들을 가지고 의미 없는 줄 세우기만을 계속
반복할 뿐 상호작용적으로 의미 있는 모습은 전혀 보이지 않았다.

　지금 와 생각해 보니 그 모습을 보며 난 힘들어할 새도 없었던 듯하다.
예지에 대해서는 그냥 그러려니 두고, 아픈 엄마를 수발하느라 정신이
없었다. 항상 감사는 하지만 전혀 마음은 기쁘지 않은 나의 모습이 있었
고, 무조건적으로 원 없이 다 해 드리겠다고 작정하고 친정 엄마에게 집

중을 하고 있던 터였다. 때때로 잘 보이지 않고 균일하게 들리지 않는 예지에게, 세상을 무서워하는 아이에게 내가 할 수 있는 것은 안아주는 것이 전부였다.

난 그 흔한 아기 띠를 다섯 번도 해보지 않았다. 포대기를 허리에 둘러본 적이 없다. 업는 것도 마찬가지다. 아기 띠를 아주 완강히 거부하는 아이였기에 나의 두 팔로 늘 안고 있었다. 나는 작고 마른 몸인데도 불구하고 오직 엄마만 필요로 하고, 늘 나에게 안겨 있는 것을 제일 편안해 하는 예지를 계속 안고 있었어야 했다. 그러면서도 예지가 어떤 한 순간에 극한의 두려움과 공포를 느끼는 것을 어떻게 해주지도 못하고 그저 늘 지켜봐야만 했다.

빛을 받는 것을 유난히 힘들어 했던 예지는 눈을 감고 뛰어다녔다. 30개월이 지나서도 "아파!"라는 말도 못하고 잘 울지도 않는 아이였다. 그래서 이마에 어른 주먹만 한 혹이 나 병원에 가 난리 한바탕한 적도 있고, 뛰다가 넘어져 치아가 깨지고 신경을 다친 적도 있다. 깨진 치아 때문에 결국 신경 치료를 강행하면서 예지는 이중고를 겪어야 했다. 예지의 공포가 너무 심해서 마취가 안 되는 일도 있었다. 그렇지만 이미 시작된 일이라며 의사 선생님은 그냥 치료를 계속하자고 했고, 그것이 바로 치과 치료의 트라우마를 있게 한 일이 되어 버렸다. 이날 예지는 태어나서 한 번도 하지 않은 일을 겪었고, 치료를 받고 충격이 너무 큰 나머지 구토까지 했으니 말이다.

엄마로서 이런 일이 생길 때면 정말 마음이 찢어지게 아프다. 아이가 고통스러울 것이라는 것을 알면서도 아이를 위한다는 생각으로 치료를 하게 되니 말이다.

이렇게 수도 없는 사건 사고들을 반복하며 예지는 세상을 마주했다. 예지는 두렵고 불안하고 힘든 일에 처했고, 난 무수한 말들을 끊임없이 예지에게 들려주었다. 그중에 가장 많이 들은 말을 얘기하라면 단연 "믿는다! 네가 이겨낼 것을 믿는다!"였다.

지금은 안다. 이 말은 결코 예지에게만 들려준 말이 아니라는 것을.

나를 향해 내 자신이 하는 말, 내가 나에게 하는 말이다.

그리고 나는 다시 나를 돌이켜 보며, 내가 세상을 무서워하며 바라보았던 그때를 떠올렸다.

'무서워요, 도와주세요!'

일렁이는 파도를 보며 무섭다, 무섭다 했던 날도 있었다. 그러나 그건 그때뿐이었다는 것을 지금은 안다.

그 순간은 정말이지 싫었고 미웠다. 일렁이는 파도가 정말 나를 삼키는 줄 알았기에 무서운 감정이 바다의 파도를 괴물로 보이게 했다. 엄마는 그런 나를 너무도 타기 싫은 튜브에 태워 바다로 들어갔다. 감당할 수 없는 공포감이 들었다. 하지만 조금 지나 엄마의 미소가 나를 안심시켰고, 나는 놀라운 사실을 알게 되었다. 내가 무서운 바다에 몸을 담갔을 때 그 작은 발도 안 닿는 깊은 물에서 검정색 튜브에 몸을 의지하며 떴다는 것 그리고 내 앞에 엄마가 있다는 것이었다.

늘 노는 것을 좋아했던 엄마.

그녀의 그 웃음소리에 울고 또 웃고를 반복했던 그날은 내가 엄마를 꼭 의지해야 하는 존재로 여기게 된 결정타를 날리는 날이었다.

결국 난 웃으며 시간 가는 것도 잊은 채 엄마와 즐겁게 파도타기를 했기 때문이다.

그리고 그땐 몰랐던 그 호탕한 웃음의 의미를 엄마가 된 지금은 알 듯하다. 나는 정말 속상하고 괴롭고 무서웠지만 엄마의 그 담대함이 나에게 딱 맞는 해결책이었다는 사실이다. 나를 한참을 울고 웃게 했으니 말이다.

바다를 무서워했던 어린아이가 바다를 좋아하는 엄마가 된 것이다.

그런데 지금 내 곁에 바다를 정말 무서워하는 딸이 있다.

예지가 치료 센터에 다닐 때였다. 그곳에서 체험 학습 프로그램으로 바닷가에 간 적이 있었다. 그런데 웬걸. 우리 예지가 그 그룹 속에 들어가지 못하고 있는 것이었다. 그런 모습을 보고 있노라면 마음의 여유를 가질 수 없게 되는 것이 사실이다. 또래 아이들과 비교하며 내 아이를 보기 때문에 사실 마음이 힘들다. 하지만 나보다 더 힘들 예지를 위해서 난 그저 담대함을 가지려고 노력했다. 결국 마음을 최대한 추스르고 예지를 안고 바다로 들어가기도 했었는데 예지가 극한의 공포를 느끼고 있어서 결국 물 밖으로 나올 수밖에 없었다. 나는 예지가 감정을 추스를 수 있게 도와주면서 천천히 말을 들려주었다.

"엄마도 물을 정말 무서워했어. 그리고 수영도 잘 못해! 괜찮아! 해변 모래사장에서 물놀이도 모래놀이 해도 괜찮아. 네가 바다에 들어가고 싶을 때, 그때 얘기해. 그럼 엄마가 같이 바다에 들어갈게."

이때까지만 해도 양가감정에 힘든 난 예지의 이런 행동을 어떻게 받아들여야 할지 몰랐다. 단순하게 엄마를 닮은 딸로 인정해야 옳은 걸까? 한참을 생각하다 속으로 기도를 택했다. 내가 예지와 같은 과정을 겪었다는 것에 더 감사하게 해 달라고 그리고 예지가 나를 조금 더 신뢰하고, 믿고 의지할 수 있게 해 달라고. 나도 '어쩌다 엄마'라 부족하지만, 나에게 사랑과 지혜를 깨닫게 해 달라고. 나에게 내 친정 엄마가 어릴 적 롤 모델이었듯이 분명 예지에게 난 롤 모델이 되어야 한다고 생각했다. 어쩌면 친정 엄마가 나에게 주었던 사랑보다 더욱더, 그 이상으로 내가 예지에게 해야만 한다는 생각이 날 사로잡았는지도 모른다. 그래서 나 스스로를 끊임없이 돌아보며 힘을 내지만 또 때로는 힘겹기도 했다.

왜냐하면 난 두려움이 유난히 많았던 아이였기 때문이다.

기억도 나지 않는다. 상황은 더더욱 모른다.

내가 왜 바나나를 못 먹었는지, 바나나를 보면 바나나가 나를 해칠 것 같은 생각에 무서웠고, 거대한 존재도 아닌데 그땐 왜 어째서 그렇게 그 앞에서 작아지는 내가 있었는지, 바나나가 왜 그렇게 커 보였는지 모르겠다.

그런데 기억을 되짚어 더듬어 가 보면 때는 초등학교, 1979년생인 내가 다닐 때는 국민학교라고 불렸던 시절, 아무튼 바나나가 무척 값이 나갈 때였기도 했던 것 같다.

그렇게 귀한 바나나를 엄마가 집에 사 들고 들어와 "진짜 좋다. 먹자." 고 말하면 정말 나는 쥐구멍을 찾고 싶을 만큼 작아졌다. 그때의 키가 지금의 키였을 텐데 말이다.

'나는 왜 못 먹겠지? 왜 싫지? 무슨 일이 있었을까? 무슨 일이 그 비싸고 귀한 바나나를 못 먹고 볼 때마다 이유 없이 싫은 감정에 휩싸이게 할까?'

"먹어! 몸에 좋으니 그냥 좀 먹으라고!"

하는 엄마의 말을 듣고 도저히 안 되겠다 싶어서 고민하다 입을 열었다.

"나 왜 이럴까요? 진짜 못 먹겠어요. 죽을 거 같아요."

엄마 왈.

"네가 애기 때 이거 먹고 체! 했! 다! 돌 때였나? 아마 집에 사진도 있지? 찾아봐, 있을 거야!"

이 말을 들은 난 '이건 말도 안 된다! 세상에나 어쩜. 나 그래서 바나나를 계속 싫어한 건가? 난 뭐 떠오르는 기억도 없는데?'라는 생각이 들었다.

그런데 참 희한한 것이 그 일이 있고 난 후 바나나를 대하는 나의 태도는 더욱더 심해졌다는 것이다.

이렇게 생각을 정리했다.

'그래. 그런 이유였어. 그럼 나 바나나는 안 먹으련다. 나랑 안 맞는 건

가 봐.'

그리고 쭉 세월은 지나갔다. 이 트라우마는 내가 밝히기도 부끄러운, 나이에 안 맞는 것이었기에 남편도 눈치채지 못한 것이었는데, 결혼 4년 만에 출산한 딸 예지의 힘은 역시 위대했다.

생후 5개월에 들어서는 시점에 바나나 이유식을 만들 때 나는 그만 그간의 잊고 있던 트라우마가 온몸을 휘감았더랬다. 자식을 생각하면 필히 만들어야만 하는데 못하겠으니 어쩌나, 얼마나 기가 막히고 어이가 없는 일 중의 일이 아닌지. 잡아먹히는 식인상어를 잡아 만드는 이유식도 아닌 바나나 이유식에 바들바들 떠는지. 그리고 결국 기도는 시작되었다. 주어지는 대로 순종이라는 묵상을 하고 있던 터라 불순종하지 못하고 드디어 용기 내어 도전을 하게 되었다.

'딸에게 건강을 줄 수 있다면 바나나 이유식. 만들지, 뭐!'

결심하고 또 기도하는 마음으로 힘겹지만 그렇지 않은 마음으로 바나나 껍질을 벗겨내고 속의 노란 바나나를 칼로 잘라 으깼다.

이때까지도 진짜 갈등의 잔재가 남아 있었지만, 이유식을 만드는 날 쳐다보는 딸의 모습을 계속 주시하며 예지에게 살짝 웃어주며 이런 말도 더해 했다.

"예지야, 엄마가 만든 맘마는 진짜 맛있다. 이건 바나나 맘마야. 다 되면 먹자. 기다려."

이젠 미리 맛을 봐야 하는 단계. "나 할 수 있다."를 예지 앞에서 외치며 맛을 본 순간! 어머나! 아무렇지 않았다. 괜찮았다. 혹 소화불량이라도 일으킬까 싶어 옆에 소화제도 준비해 두었으나 먹을 필요가 없었다.

뭔가 모르는 감정이 솟았다.

'바나나를 먹어도 괜찮은데 왜 지금껏 못 먹고 산 거지? 아! 충격적이다!'

그리고 반성했다. 바나나를 대하는 내 태도가 최악이었기에 내가 쓸데없이 부정적인 감정에만 치우쳐서 긍정적인 감정이 솟는 일을 막고 있었고, 트라우마라는 이유로 스스로를 구속하고 있다는 것을 알게 되었다.

내가 너무 지나쳤던 것이다. 다신 트라우마라는 말의 부정적인 감정에 속지 않으리라고 다짐했다.

새삼 웃음도 나면서 딸에게 고맙고 참 모성애가 뜨거웠던 결과라고 해야 하나 싶다.

그저 감사하다. 오랜 시간이 걸렸지만 이젠 바나나를 구워도 먹고, 샐러드에 섞어서도 먹으며 좋으니까 말이다. 이런 게 사랑인가 보다.

그런데 이 모든 과정이 없었다면 지금 예지와의 이런 끈끈한 관계가 형성이 될 수 있었을까를 오늘에 와서 생각해 보니 아마도 그렇지 못했을 것이라는 생각이 든다. 아이와의 애착을 만들기 위해서 끊임없이 최선을 다했다고 말할 수는 없을지도 모른다. 그 대신 많은 시행착오를 겪어냈다고 말하고 싶다. 우리가 그 시행착오를 통해 서로를 알아가는 시간을 가졌던 것이 곧 아이로 하여금 세상을 소개한 것이 된 셈이다.

부모와 자식이 서로를 이해하고 다 안다고 누가 말할 수 있겠는가! 그러나 확실한 건 가족이라는 울타리가 우선적으로 튼튼하게 있어주는 한은 서로가 서로에게 안전하다는 것, 서로가 서로를 신뢰하고 수용하며 나아가야 할 길을 제시하는 모델이 되어주는 것이 아닌가를 생각해 보게 한다는 것이다.

아이는 세상을 무서워할 수밖에 없다. 지식도 경험도 부족하지 않은가. 이런 아이에게 "내 자식이니까 뭐든 잘 해야 한다."라고 부모가 생각을 한다면 세상에 처음 도전하는 어린 아이에게는 그만큼 중압감이 크지 않겠는가. 아이의 입장에서 한 번 더 우리가 바라봐 준다면, 그 아이는 버릇없는 아이가 되는 것이 아닌 오히려 부모를 존중하는 아이가 될 수 있을 것이다. 더 나아가 사회 구성원들을 배려하는 아이로 자라날 수 있는 작은 믿음을 가져 본다면, 그 순간 변화되는 나와 아이를 보게 될 것이다.

무서워요

두려워요

아이가

무서운 세상을 향하여

손짓 하나요

주저 없이

안아주세요

그리고

아이에게

들려주세요

나도 그랬다고

나도 무서웠다고요

아이를 위한 기도

(주)마음새

[PART2]

평가받는아이 & 평가하는엄마

| 사랑 위의 사랑 |

병든 자를 향한 긍휼함의 사랑은
딱딱하게 굳어 있는 마음을 따뜻하게 만져주며 녹여준다

두번
태어난 아이

친정 엄마가 소천한 후에는 더 이상 아무 할 일도, 할 것도 없는 일상
이었다. 아무런 의지가 없었고, 다시 무엇을 해야 할지 공허함 속에 빠져
있었다.

예지를 데리고 집 밖으로 나서면 주위에서 아이를 바라보는 시선이
느껴지기 일쑤였다. 한 번도 아니고 몇 번을 더 쳐다볼 때 난 당연히 그
시선을 긍정적으로 해석할 수는 없었다.

'왜, 우리 아이가 뭘 어쨌다고 그러지?'라는 생각으로 그들의 그 따가
운 시선에 더 당당히 맞섰다. 참 뻔뻔했지 싶다. 심지어 예지를 따가운
시선으로 쳐다보는 사람들에게 아이의 상황을 더 드러냈다.

"제 아이는 발달 지연입니다. 미안합니다만 양해를 부탁드립니다. 우
리 아이가 이곳에 있어도 괜찮을까요?"

라고 더 정중하게 물었다. 나의 당당한 말을 들은 사람들은 화들짝 놀

라기고 하고, 뭐 이런 여자가 다 있나 싶은 시선을 주기도 했다. 참 다양한 반응을 난 접해야 했다.

그리고 이렇게 사람들에게 "우리 아이는 발달 지연입니다!"라고 소개해 놓고, 정작 집에 들어와서는 예지가 스스로 무엇인가를 하게 만들기보다는 아이가 말하기도 전에, 의사 표시를 하기도 전에 내가 알아서 척척, 지나치리만큼 다 해주었던 것 같다. 참 모순적인 행동들이었다. 이러한 행동이 결국 나를 위로한답시고 아이를 사방에서 싸매는 결과가 되었고, 그럴수록 난 사실 더 아팠다. 내 상처에 온전히 직면하고 있지 못한 너무도 가식적인 나를 보며 어떻게 해야 할지 매 순간 걱정이 들었다. 남편도 시어머니도 내가 알아서 다 잘할 거라고 말하면서 지켜만 볼 뿐이었다. 난 할 수 없었고, 막막했으며, 도움이 필요했는데 말이다.

그래서 이대로는 안 되겠다 싶어 예지의 발달에 대해 주위에 다시 언급하기 시작했다. 뭔가를 해야 할 것 같다고 간절하게 이야기했다. 치료를 위해 어디를 다녀야만 하나 다시 한 번 고민하던 바로 그때 전에 받았던 전화 한 통이 생각났다. 친정 엄마가 소천하시기 전, 말기 암일 때 발달 지연 아이를 둔 엄마에게 걸려 왔던 전화였다. 내 아이를 위한 치료 이전에 요청받은 일을 도와주는 것이 좋겠다는 생각이 들어서 연락을 했다.

내가 지인 분에게 받은 요청은 한 자매를 도와주었으면 좋겠다는 것이었다. 연고지 없이 독일로 혈혈단신으로 유학을 가야 하는, 음대를 다닌 성악 전공의 자매였다. 우리 부부 역시도 독일의 한 작은 도시로 유학을 갔었고, 당시에는 생각지도 못한 넘치는 도움을 경험한 일이 참 많았다. 그때마다 우리와 같은 형편에 있는 학생들을 형편과 상황이 닿는 대로 절대 잊지 말고 꼭 도와주자고 기도했다. 그래서 우리는 일단 그녀를 만나 보기로 하고 집을 나섰다. 그랬는데 웬걸, 우리가 한 발 늦었다. 주소지는 한 치료 센터이자 교회였고, 자매는 치료 센터장의 딸이었다.

도와주려는 마음으로 간 그곳에서 예지의 치료 방향에 대한 조언을 받은 더 감사한 일이 일어나게 된 것이다.

우리 부부는 상황이 이렇게 전개되는 우리의 일상이 너무도 감사하며 신기했다. '아, 일이 이렇게도 되는구나.'라는 마음도 들었다.

그곳에 간 이유인즉슨, 예지를 치료하기 위함이 아니라 자매를 도와야 한다는 마음으로 갔던 것이었다. 하지만 그때 그 순간 나의 발걸음을 인도하시는 내가 믿는 분의 사랑을 경험하였다. 또 우리 부부는 계속 기도를 하고 있던 터였다. 마음으로 믿고 이곳에서 예지의 치료를 시작하기로 상황을 정리했다. 자기 표현력이 없고 말 못 하는 예지에게 어떠한 의사도 묻지 않고 그저 난 이런 말을 남겼다.

"예지야, 앞으로 우린 이곳 센터를 다닐 거야. 그리고 여긴 교회야. 그래서 매일 기도해야 돼."

난 이 작은 센터를 통해서 많은 발달장애인 아이들이 치료되고 고쳐지는 사역을 하게 되는 귀한 일이 있기를 소망했다. 그때부터였다. 사방에서 엄마들과 아이들이 하나둘 센터로 오기 시작했다. 나에게는 이 엄마들과 아이들의 절망스러운 아픔이 읽혔고, 엄마들과 함께 아이들을 위한 곳이라면 어디든 가겠다는 마음으로 쉴 새 없이 여기저기를 다녔던 것 같다. 그래서 센터 수업이 끝나면 매일 근처의 낮은 산을 올랐고, 이 아이들과 엄마들을 위하는 일이라면 주저하지 않고 기도하며 어디든 기쁨으로 갔다. 눈물 흘리며 힘들어 하는 엄마들에게 뭐든 다 해주고 싶었다. 내가 믿는 분의 참 선물이길 바랐다.

그러자 작게나마 그들과 함께할 수 있는 형편으로 집안의 환경도 서서히 바뀌었다. 남편과 시어머니의 각별한 배려가 없었으면 이와 같은 일도 또한 없었을 것이다. 그래서 난 늘 더 감사했다.

그중에는 남편과 떨어져서 센터에서 지하철로 30분 거리에 있는 오피스텔에 거주하며 아이의 치료를 하는 엄마들도 있었다. 나는 조금이나마 돕고자 하는 마음으로 이들과 함께 했다. 대부분 예지가 처음으로 다니던 치료 센터에서 만났던 엄마들이었고, 전부 이미 아는 사이라 새로운 교제가 필요 없는 상황이었다. 우리 엄마들은 어느덧 동고동락한 같은 아픔을 공감하고 공유하는 사이가 되었다. 가족보다도 더 끈끈한 사랑과 정을 나누었고, 함께 기도하며 자녀를 꼭 이곳에서 고칠 수 있을 거라는 확신을 갖고 하루하루를 아프지만 평범하게 살아갔다.

그런데 내가 제일 중요한 부분을 놓친 것이 있었다.

그것은 예지의 감정, 예지의 마음이었다.

센터 내에서 치료가 진행되면 될수록 나는 예지를 계속 내 기준에서 평가하고 있었다. 물론 그 평가는 예지를 다른 아이들과 비교하며 드러나는 평가였다. 다른 아이들은 이미 발화發話가 시작되었건만 유독 발화가 늦은 아이를 보며 그 원인이 무엇인지, 도무지 어디에 초점을 잡아야 할지도 몰랐다. 비교를 안 하려야 안 할 수 없었고, 너무도 확연하게 차이가 나는 모습에 내색을 안 하려고 노력했으나 쉽게 평정심을 찾기란, 기도하지 않으면 안 되었으니 말이다. 눈에 보이는 모든 상황에 마음이 흔들리지 않을 부모가 몇이나 있으랴. 복받치는 감정을 억지로 눌렀지만, 참다 못해 폭발한 적도 있었다.

"예지야, 너는 왜 그게 안 되는 거니! 누구는 이렇게 하잖아! 너도 할 수 있다고!"

아이에게 이렇게 말을 하는 순간, 난 초등학교 시절 늘 친정 엄마로 하여금 정말 듣기 싫었던 말이 떠올랐다.

"말도 잘하고 야무지고 똑똑하던 게 왜 이렇게 됐니? 넌 할 수 있다고!"

그러면서 엄마는 시험지를 들고 틀린 개수대로 나를 각목으로 심하게 때렸고, 난 왜 이렇게까지 맞아야 하는지도 모른 채 아프게 맞아야만 했다. 농구 선수 출신인 엄마의 힘이 어땠겠는가! 그런데 그것도 모자라 엄마가 뱉은 말은 나에게 돌이킬 수 없는 충격을 주었다.

"넌 죽기 살기로 안 하잖아! 넌 노력 부족이야! 공부도 때려치우고 나가!"

난 이 말을 이해할 수 없었다. 그때부터 엄마가 나에게 요구하는 것은 전부 싫어하고 하지 않는 모습의 나로 변하기 시작했던 것 같다. 그 비교 대상이 사촌언니들이어서 난 더 화가 났다.

물론 지금 와서 생각하면 엄마의 마음도 이해할 수 있다. 내 아이에게 똑같은 행동을 하고 있는 나를 보면 그 당시에 엄마의 마음이 어땠는지 전부는 아니더라도 조금은 헤아릴 수 있다. 그러나 그땐 이해를 해야 한다는 생각도 못했고, 다만 내가 아팠다는 생각에만 사로잡혀 있었다.

엄마는 온 동네의 공부를 정말 잘하는 아이들과 나를 늘 비교했다. 심지어는 어떤 아주머니의 아들은 자기 엄마가 노름을 하고 있는 그 장소에서도 공부를 한다며, 이 아들은 1등을 놓친 적이 없다는 이야기도 했다. 지금 생각해 보면 이러한 말들이 엄마가 그때 내게 할 수 있는 최선의 말이었다는 생각도 든다. 그리고 이렇게 비교한 것은 엄마가 당시 초등학교의 육성회를 담당했기에 내가 조금 더 잘하기를 바랐던 마음에서 한 소리였을 것이다. 그러나 난 그런 엄마의 말과 행동이 버거웠다. 노는 것을 좋아했던 나는 마냥 억지로 하는 공부가 정말 싫었다.

지나친 영재교육의 안 좋은 케이스가 바로 나다!

늘 누구 엄마의 아들딸을 나와 끊임없이 비교하는 엄마가 늘 노는 것을 좋아하는 딸로서는 참 부담스러웠다. 그런데도 나 역시 지금 내 아이의 발달 지연으로 인해서 치료의 길에 들어서서는 다른 아이들과 비교하면서 일반화하고 있다. 이와 같은 삶을 살고 있는 날 보고 있노라면 스스로도 이건 모순이라는 생각에 젖어들게 할 뿐이다.

나는 아이가 스스로 발달장애인임을 인정하지 않은 상황에서 미리 장애 판정을 받을 수도 없는 엄마이다. 이 발달 지연을 겪으면서 힘든 내 아이와 상의도 없이 아이의 인생을 송두리째 부모의 의지로 결정지어 버리기에는 너무도 섣부른 일이다 싶기 때문이다. 그럼에도 불구하고 예지를 끊임없이 발달시켜 보겠다고, 어떻게든 성장시켜 내겠다고 노력한다. 예지를 평가하고 내가 보기에 싫은 그 문제 행동들을 고치겠다는 일념뿐이었다. 이러한 진념의 시선을 내 아이도 벅차게 받아 가며 참 많이 힘들고, 경직되며 위축된 생활을 하고 있는지 모른다. 예지가 이렇듯 아프게 오늘을 살고 있다는 것을 잊은 채 나는 아이를 생각한다면서 오로지 엄마의 입장에서만 '이게 최선이고 이게 널 향한 내가 할 수 있는 사랑이다!'라고 여기며 스스로를 정당화했다. 내 아이가 힘든 것도 모르고 지낸 시간들이라 해도 주어진 환경 안에서 할 수 있는 최대한의 것들을 했기에, 아이가 덜 아프기를 바랐던 고백을 예지에게 털어놓기도 했다. 발달 지연인 아이를 어떻게든 일반화시켜 보겠다고 내 기준만 정해 놓고 애쓰고 노력한 시간들과 그 과정은 지금 와 생각해 보면 아이의 내면에서 일어나는 감정, 그 감정의 변화를 헤아리지 못하고 앞만 보고 온 것이라는 생각이 가슴 깊이 파고들었다. 어찌 보면 어리석은 듯 보이나 앞에서 언급한 대로 우리에게 주어지는 삶은 죽는 그날까지 모두 다 과정이기에 예지를 치료해 보겠다고 한 그때 역시 하나의 과정으로 일단락 지어진 듯하다.

우리 부부가 있는 동안 센터는 그곳의 아이들이 성장에 맞게 치료하며 교육을 받을 수 있는 학교의 모습을 갖추어 가게 되었고, 기독교 대안 학교가 되었다. 일반 학교에 갈 수 없는 예지에게 학교가 통째로 왔다는 표현을 쓸 정도로 난 기뻤다. 왜냐하면 예지는 이전에는 한 번도 어린이 집이나 유치원을 가본 적이 없었고, 갈 수도 없었기 때문이다. 그리고 난 예지의 대안 학교 입학과 동시에 너무도 감사한 마음이 커서 또 작은 마음을 하나 갖게 되었다. 그것은 이곳의 발달 지연 아이들을 위해 작게나마 도울 수 있는 일을 해야 한다는 마음이었다. 그리고 그렇게 마음을 먹음과 동시에 재능 기부 교사를 외부에서 초빙하는 일과 내부에서 학교 엄마들과 방과 후 수업을 기획하고 진행하는 교사를 담당하는 팀장을 역임하게 되었다. 이 일도 물론 정말 쉽지 않았다. 엄마들과 재능 기부하는 외부 교사님들의 헌신이 없었으면 절대 이뤄지지 못했을 일이다.

참 감사하게도 이 일을 하면 할수록 이 학교의 아이들이 조금씩 마음의 문을 열고 믿고 신뢰하며 변화되는 모습도 볼 수 있었다.

한글을 쓸 줄 모르고 읽을 줄 모르는 아이들이 대다수여서 한글 쓰기를 방과 후 수업으로 정했었다. 심지어 유난히 연필을 잡는 것도 거부한 한 아이가 있었다. 한 달, 두 달, 세 달이 지나가는 시점까지 기다리고 기다린 결과 불안한 마음을 믿음과 신뢰로 극복하고 한글 쓰기에 집중하는 아이로 변화되었다. 또한 예지도 엄마인 나와 함께 같은 반에서 수업을 한 적도 있다. 예지는 엄마가 갑자기 선생님이 되어서 무척 부담스러웠겠지만, 난 예지의 성장하는 모습을 더 확실하게 관찰할 수 있게 되었다. 그제야 아이의 있는 그대로의 모습을 자연스레 받아들이는 엄마가 될 수 있었던 것이다. 나에게는 참 감사한 일 중 하나였다. 아이는 힘들어서 하기 싫다고 바닥에 드러눕기도 하고, 본인이 원하는 그림 그리기를 하겠다고 울며 떼도 썼다. 그러나 학교에서 공부하고 체험하며 나아갔던 이러한 모든 과정이 밑바탕이 되어 오늘날 온전한 애착과 함께 원래 본인의 성향을 드러나게 하고 호기심이 많은 아이로, 세상을 직면하는 당당한 아이로 변화되었는지도 모른다고 생각한다.

돌이켜 보면 예지는 사랑도 많이 받았지만 끊임없이 평가 당했다. 우리는 사랑을 주고 있다는 이유로, 많이 기대한다는 이유로 아이를 평가하곤 한다. 그동안 평가를 당하면서 예지는 얼마나 힘들었을까. 잘 안 되는데, 잘 못 하겠는데, 그럴 때마다 부모와 선생님, 주변 사람들로부터 "우리 예지는 착하지. 착한 예지는 이렇게 한다."라는 말을 무수히 들어야만 했다. 많은 말을 들었고 그것을 다 받아들였다. 그런데도 이겨냈다. 견뎌내었다.

물론 앞으로도 나와 예지는 인내를 배워갈 것이다. 하지만 달라진 것이 있다면 이제는 외부의 평가에 크게 연연하지 않는 조금은 유연해진 모습을 본다는 것이다.

발달 지연이라는 상황, 그 있는 그대로의 모습을 받아들이기까지가 정말 힘들었던 것 같다. 그때 엄마는 아이를 평가하고, 스스로를 평가하며 엄마의 자격이 있고 없음을 놓고 수도 없이 갈등한다. 그렇기 때문에 아이도 힘들고 좌절하며 불안할 수밖에 없고 결국 그 끝은 상처가 된다는 것을 예지를 통해 알게 되었다.

진정으로 아이를 치료하기 원한다면 엄마의 시선이 달라져야만 할 필요가 있다. 그리고 명심할 것은 아이는 부모가 믿어주지 않으면 갈 곳이 없다는 것이다. 그래서 아이가 스스로 무엇이든 할 수 있도록 내 아이를 믿어 주어야 한다. 형편에 맞는 알맞은 장을 마련해주고, 아이로 하여금 선택할 수 있는 권한을 갖게 해야 한다. 또한 아이가 선택한 것에 긍정적으로 반응하고, 그 선택한 일에 책임을 질 수 있는, 자조 능력이 있는, 그야말로 문제 해결이 가능한 아이로의 길을 제시함이 마땅한 부모의 역할이 될 수 있었으면 한다.

이것은 절대 부모로서의 권위적인 모습을 내려놓으라는 뜻은 아니다. 아이를 한 인격체로서 존중해 주는 일련의 과정을 거치지 않으면 이러한 발달은 더욱더 지연이 될 수밖에 없다고 생각한다.

이 세상에 가장 중요한 것은 내가 '어디'에 있는가가 아니라
'어느 쪽'을 향해 가고 있는가를 파악하는 일이다

_올리버 웬델 홈즈 Oliver Wendell Holmes

지금 난 처해진 상황 가운데 내 안의 복잡한 생각들을 정리한다. 아이를 가르치지 말고, 부모가 제시하는 그 기준을 내려놓자고. 아이로 하여금 분별을 할 수 있게 하는 길은 아이에게 선택권을 주는 것이다. 아이가 성장하기를 바란다면 많은 시행착오와 실수를 겪게 하며 스스로 마무리를 짓게 해야 한다.

실패를 두려워하지 말라는 말도 있지 않은가.

나뭇가지가 때에 맞게 자라듯이 거듭 반복되는 일로 인해 만들어진 기능이 다양한 방향성을 가지고 확장되도록 부모가 좋은 것을 제시할 수 있다면, 아이의 성장 발달을 만드는 초석이 될 수 있을 것이다.

그리고 내 아이의 성향과 기질을 파악하는 것 또한 물론 필요하다. 그러나 어설프게 판단해서 평가하지 말자. 아이가 스스로 노력하며 성장하고 있으니 끝까지 믿어주자.

힘이 있는 엄마보다

힘이 되어 주는 엄마

아이가 스스로 움직이도록

유도하는 엄마

힘이 되어 주는 엄마

아이를 위한 기도

(주)마음새

아이가 아프면
엄마는 슬프죠

난 어느덧 내 아이만을 위해 사는 삶을 내려놓게 되었다. 대안 학교를 돕는 모든 일을 자처했고, 정말 자원하는 마음으로 맡겨진 모든 것을 했다. 때로는 힘이 들 때면 기도로 마음을 다잡고 감사함으로 주어진 일을 다했다.

그런데 이와 같이 한 봉사는 내 아이를 위한 일이 아니었는데도 결국 내 아이를 있는 그대로 보는 통로의 역할을 했다는 것을 알 수 있었다. 시간이 지나면 지날수록 예지와 다른 아이들을 비교하며 평가하는 나를 보게 된 것이다. 그리고 하나 더 알게 된 것은 비장애의 삶을 살게 하겠다는, 일반화를 시킨다는 기준 아래 우리 예지가 다른 사람이 아닌 나라는 사람, 세상에 하나뿐인 엄마에게 너무도 크고 부담스러운 평가를 받고 있었다는 진실이었다. 이것은 아이의 성장을 기다리는 과정과는 너무도 거리가 멀었다. 아이에게 하는 행동은 머리로는 이해를 하지만 마음 깊이 헤아리지 못했고, 이 아이의 문제 행동과 움직임을 자연스럽게 인정하고 받아주지 않았다. 그저 내가 아이로 하여금 아이가 성장하는 모습이 곧 나를 위로할 수 있다는 착각에 빠지게 했고, 그것을 회복이라 이야기했던 것이었다. 수많은 경험으로 또 깨달음에 이르러야 그 차이가 줄어들 수 있는 것이건만 나와는 너무 큰 세대 차이가 있고 경험도 부족한 아이에게 그저 내 뜻에 따라와 줘야 착한 자식인 양 아이를 가르쳤고, 정작 내 아이의 발달 지연을 온전히 인정해 주지 않은 나였다는 것을.

계속해서 그저 원인이 뭔지를 파악하면 문제를 해결할 수 있다는 지식적인 착각에 빠지기도 한 것을 부인할 수 없다. 살아가면서 문제가 없이 사는 사람은 아마도 없을 것이다. 문제를 통해서 내가 무엇을 알고 깨닫게 되느냐가 관건이다. 또한 이렇게 알아가는 과정을 통해 문제 해결 능력이 시작되며, 끊임없는 자조 능력이 길러지는 것은 시간의 섭리 안에서 가능한 일이다. 내 아이가 잘 살아줬으면 하는 그 바람으로 시작된 일이 이와 같은 과정을 겪게 할 것도 몰랐지만 이것이 바로 인생이 아닌가 생각해 보게 된다.

성장의 여러 날이 합해져서 지식도 지혜도 자라난다. 그렇게 자라나서 이미 성장한 우리 부모들은 힘이 있는 자가 된다. 그런데 참 아이러니하게도 그 힘이 있는 자는 힘이 없는 자를 통해 다시 한 번 더 성장하게 된다. 이러한 관계를 갖추지 않은 나를 보았고, 그저 아무 힘이 없는 아이가 부모에 맞춰야 하는, 질서가 어긋남을 볼 수 있었다. 이런 어긋남은 슬픔을 야기한다. 결국 내 아이는 슬픔에 묻혀서 살아가게 되었다.

이런 모든 것을 크게 느끼게 한 일화가 있었다.

2016년 햇빛이 쨍쨍 비추는 6월의 어느 날이었다. 이 날은 청천벽력 날벼락 같은 일을 겪게 한 날이었다. 예지를 할머니에게 맡기고 학교 강의를 들으러 갈 것인가 아니면 양평에서 발달장애인 아이를 외롭게 양육하는 마음이 힘든 엄마를 만나러 갈 것인가 하는 선택의 갈림길에 놓인적이 있었다. 그 이유는 바로 며칠 전 예지 할머니가 예지가 죽는 꿈을 꾸었다며, 두려움과 뭔지 모르는 슬픔에 감정이 이입되서서 마치 실제인양 눈시울을 붉히셨기 때문이다. 그 이야기를 들은 나는 시어머니에게 "엄마, 예지한테 뭔가 새롭게 변화되는 좋은 일이 있으려나 봐요."라며 안심시켰지만, 왠지 나도 모르게 어찌 해야 하나라는 생각에 잠겼던 것이다. 결국 학교 강의를 듣는 것을 접고, 예지와 나는 양평으로 향했다.

8살이었던 예지는 이날 생전 처음인 일을 두 가지 했는데, 하나는 동그라미 도형이 아닌 사물 그림을 그리는 일이었고, 또 하나는 나를 엄마라 부르는 일이었다. 감사한 마음이 벅차오른 날임과 동시에 기쁨과 슬픔을 동반한 날이기도 했다.

예지는 양평으로 가는 내내 기분이 좋았다. 차 안에서 노래를 불러주면 율동도 하고 스스로 챙긴 스케치북에 크레파스로 그림도 그리며 참신이 나 있었다. 참 신기하게도 예지가 태어나서 처음으로 물고기를 그리기도 했다. 그러다 예지는 순간 졸렸는지 잠이 들었다.

30분쯤 지나서였는지 예지가 "엄마."라고 나를 불렀다. 그런데 이 "엄마."라고 부르는 소리는 있는 힘껏 엄마를 찾는 도움의 목소리였다. 왜냐하면 예지는 이때까지도 나를 보며 "엄마."라고 부르지 않았었기 때문이다.

순간 소름이 끼쳤다. 옆을 보았는데 예지의 모습이 잠들기 전의 신나고 밝은 모습과는 180도 달랐다. 어딘가 크게 아픈 아이로 보였다. 예지 할머니의 꿈 이야기와 겹쳐지면서 나 역시도 이성을 차릴 수 없는 지경에 이르렀다. 아이의 팔과 다리가 갑자기 꼬이기 시작했고, 눈동자의 초점이 사라졌으며 입에 거품이 물렸다. 조금 전까지만 해도 멀쩡하던 아이가 어떻게 이렇게 갑자기 변할 수 있는지. 차를 갓길로 세울 정신도 없이 1차선 도로에서 차는 서 버렸다. 뛰쳐나가 차들을 온몸으로 다 막았다.

"우리 아이 죽으면 안 돼요. 살려주세요!"

그 후 바로 차 4대가 섰다. 무슨 일이냐며 달려와 주신 분들이 상황을 보고서는 119 구급차를 부르고, 교통정리를 도와주셨다. 나는 앉아 있던 예지를 안아 들어올렸는데, 그 순간 예지의 소변이 나오면서 꼬여서 굳은 몸이 완전히 풀렸다.

'왜, 도대체 왜! 갑자기 이런 일이!'

나는 모든 행동을 직감과 본능으로 대처했다. 기도를 확보한 후 입을 벌린 틈 안으로 내 손을 넣은 것이다. 그리고 나도 모르게 바로 혀를 누르니 아침에 먹은 음식이 한꺼번에 쏟아졌다. 눈을 못 뜨는 예지를 안고 부르짖었다.

"엄마 목소리 들려? 예지야! 정신 차려! 안 돼요! 하나님, 살려 주세요!"

소리를 지르며, 기도를 하며 예지가 살아 있다는 존재의 존귀함을 가슴 깊이 담을 수 있었다. 왜냐하면 난 그동안 일반화라는 모습의 기준을 두고 계속 끼워 맞추는, 아이를 평가하는 엄마였고, 동시에 세상에 평가 당하는 엄마였기 때문이다. 그런데 그 순간만큼은 예지가 어떤 무엇이 되어서 대단하고 특별한 것이 아닌 살아 있고, 살았음으로 있는 그대로의 존엄성에 대해서 다시 생각할 수 있게 되었다.

간절함 가운데 예지의 모든 기능이 다시 살아날 것이라는 확신이 들었고, 예지가 태어날 때 "이 아이가 살 수만 있다면요."라며 울면서 기도한 나의 모습이 내 뇌리를 스쳐 지나갔다.

그리고 예지에게 "엄마 소리 들려야 해. 들리면 아, 아, 따라해 봐!"라고 계속 말을 걸었다. 예지는 그 힘겨운 상황에도 내 목소리를 듣고 있는 힘을 다해 소리를 내주었다. 아이의 몸에 힘이 완전히 풀려서 늘어지는 상황이었기에 나는 다시 정신을 차리고, 예지를 정신차리게 해야겠다는 생각으로 예지의 손톱이 살과 맞닿은 부분을 아주 세게 자극시켰다.

예지는 20분이 지나서야 도착한 119 구급차에서 의식을 찾을 수 있었다. 그리고 바로 산소 호흡기를 착용한 예지와 나는 A병원에 도착하였다. 시어머니가 정말 다시는 가고 싶지 않았던 곳, 시아버지가 소천하시기 전에 치료하며 계셨던 곳이었다. 결국 그곳 응급실에서 예지는 10시간 동안 검사와 치료를 받아야만 했다.

병명은 열성 경기라고 했다. 병원에서는 이런 경우가 드물다는 이야기를 했다. 왜냐하면 열이 높지도 않았고, 이때 예지의 나이는 8살이었는데 발달 지연의 경기가 이 나이 때에 있으면 안 되는 일이었다는 것이다. 중의사 선생님의 진단을 받고 예지가 극소량의 녹용을 먹은 일이 있었는데 그것으로 인한 결과일 수도 있다고는 하지만 누가 되었든 녹용을 먹는다고 다 경기를 일으키는 건 아니기에 확실한 진단을 내리기가 힘들었다.

그러나 정말 더 놀라웠던 것은 예지가 이 후에 말을 조금씩 하기 시작했다는 것이다.

왜 우리 예지는 말을 하는 것이 이리도 힘겨워야 하는지, 다른 아이들은 그냥 툭툭 말하는 것을 두려워하지도 힘들어 하지도 않는데 무엇 때문에 이렇게 힘들어 하는지. 너무도 가슴이 미어지게 아팠다. 참 감사하고 기쁘게만 살고 싶었던 나인데, 왜 그게 이렇게 힘든지 도무지 답을 알 수가 없었다.

이 일이 있은 후에 참 많이 울었다. 눈물이 멈추지 않았다. 왜 발달 지연 아이들의 말하기는 이리도 힘겨워야 하는지 무엇이 이들의 말과 생각들을 세상 밖으로 표현하지 못하게 하는지 생각했다. 내가 도울 수 있으면 좋겠지만 내 힘으로는 부족했다. 그러면 이 일을 통해 내가 무엇을 깨달으면 되는 건지에 대한 물음을 갖기 시작했고, 내 마음속 깊은 곳에서 성경 말씀 한 구절이 떠올랐다.

"고난이 네게 유익이라!"

우리 예지만 이런 일을 겪는 것은 아닐 것이다. 물론 난 더한 일들도 수차례 보아 왔다. 그러나 이 순간만큼은 버거웠다. 이만큼의 감당할 수 없는 일련의 일이 아이도 아프게 하고, 나도 지치게 했다. 그러나 정말 놀랍게도 아이는 언제 아팠냐는 듯이 정서적으로 다시 회복하기 시작했다. 나 역시도 아이의 정상적인 컨디션에 아픈 마음을 다시금 조금이나마 추스를 수 있게 되었다. 자식이 뭐기에, 자식이 부모의 마음을 쥐고 있는 그런 모습을 보인 것이다.

우리 엄마들은 그런 것 같다.

아이가 울면 엄마도 울고, 아이가 웃으면 엄마도 웃지 않는가. 탯줄로 연결되어 둘이 하나였기 때문에 우리는 서로 한몸인 것이다.

또한 내 아이는 엄마의 힘듦과 기쁨에 초점이 맞추어져 있다. 우리가 오늘 울고 있다면 아이는 울고 있을 것이고, 마음을 잘 추스르고 웃을 수 있으면 아이는 웃게 될 것이다. 정서적인 안정과 애착이 엄마를 비롯한 주양육자로부터 시작된다는 이론이 맞는다는 생각을 해본다.

오늘 내 아이의 그 살아 있음에, 특별한 존재가 곧 나임에 더 귀하고 귀함을 알 수 있기를 바라본다.

나의 하늘에게 기쁨을 달라고 기도했더니

삶에 감사하는 법을 배우게 하셨다

삶에 감사하고 나는 알게 되었다

아픔이

또한

기쁨이

될 수 있다는 것을

아이를 위한 기도

(주)마음새

포기하는 아이 & 포기 못하는 엄마

| 하나님의 때 |

우리는 기도한다, 때를 알려달라고
간구하고 또 간구한다
그러면 알게 해 주신다
지금이 바로 그 때라는 것을…

몸에 배어 버린
나쁜 습관

　자폐 아동의 스펙트럼 중에 속한 상동행동常同 行動(같은 동작을 일정 기간 반복하는 것)을 문제 행동으로 많이들 말한다.

　그래서일까. 나 역시도 우리 예지의 상동행동을 유심히 관찰한 적이 있다. 그리고 어떻게 하면 이 문제 행동이 사라질 수 있을지 많은 고민을 했다. 난 분명 가능한 일일 것이라는 생각으로 아이를 내 기준에 맞추어 고치려 했던 때가 있었다.

　그러던 어느 날 예지가 센터 내에서 여러 치료에 연이어 뇌파 치료까지 하고 있을 때였던 것 같다. 산만함이 극치에 다다를 때가 있었다. 한자리에 집중해서 한시도 앉아 있지를 못하고, 돌아다니고, 또 의자건 책상이건 구분 없이 뛰어 올라가서 점프하고 누워만 있는 아이의 이런 행동에 정신이 없었다. 또 길을 걸을 때도 여러 갈래의 아이의 길이 있으면 가지 못하고 한 길만 고집했다. 발달 지연, 발달장애인 아이의 엄마들이 우리 아이들은 무엇에 꽂힌다는 표현을 자주 쓴다. 아무리 봐도 그 의미 없는 반복적인 행동이 사그라들 기세를 보이지 않았다. 어찌 해야 할지 고심하고 있다가 불현듯 입에서 나온 그 한마디가 있었다. 잽싸게 행동하는 예지를 멈추게 한 다음 이렇게 말했다.

"예지야, 너 어떻게 해야 해?"

아주 놀랍게도 예지는 하던 행동을 멈췄다. '앗! 이게 뭐지?' 아이가 너무도 쉽게 행동을 멈춘 것이다. 그리고 난 바로 이렇게 말해주었다.

"너도 모르게 한 행동이지?"

그랬더니 약간 멋쩍은 미소를 지으며 또 살짝 눈치를 보는 모습을 보인 예지는 순간 자세가 교정되었고, 예쁘게 앉아서 밥을 먹었다.

조금만 기분이 좋아지면 몸을 주체하지 못하는 딸에게 이미 그려진 그림 위에 색을 덧칠하게 하였고, 꼭 손을 붙들고 색을 아주 천천히 칠하게 했다. 물론 처음에는 손을 뿌리치고 빠르게 칠하려 했다. 이와 같이 그림을 그릴 때조차도 산만한 행동을 보이곤 했는데 센터 측에서는 좌뇌와 우뇌의 균형이 맞지 않아서 일어나는 현상이라며 일단 큰 문제는 아니라고 했다. 난 전해들은 이 말을 믿었고, 예지를 끊임없이 설득했다.

"오늘 센터 숙제야. 꼭 해야 해. 약속이거든. 그리고 약속은 꼭 지켜져야 하는 거야."

이 말의 뜻을 알든 모르든 나는 계속 예지에게 전했다. 곧 예지는 좋아하는 색의 크레파스를 집어들었고 함께 색칠할 수 있었다. "예지야, 엄마랑 같이 칠하자!"라고 이야기하자 예지는 나와 같이 해야 한다고 인식한 후 색칠을 하기 시작했다. 어머나, 이럴 수가! 그 산만했던 아이가 이 과정을 통해서 오히려 점점 차분해짐을 느꼈다. 예지는 이때 당시 스마트폰 및 미디어에 대한 노출을 4년째 중단한 상황이었다. 또한 뇌파 치료를 시작했고 그래서 더더욱 늘 아이에게 자연을 주 3회 이상 보여주려 했다. 이러한 체험 학습 시간들을 통해 뇌파의 안정적인 효과를 더 잘 이어갈 수 있었다.

예지의 경우 특히 좌뇌의 뇌파가 굉장히 높았던 터라 치료에 시간이 많이 걸리는 어려운 케이스라고 센터에서 이야기하기도 했다. 하지만 믿어지지 않을 만큼 아주 빠르게 좌뇌와 우뇌의 불균형이 알맞게 이루어져 가고 있었다. 물론 예지가 감당하기에 버거웠던 치료도 있었지만, 단연 뇌파 치료만 해서 된 일이라기보다는 그래도 때에 맞게 모든 치료가 균형적으로 잘된 것 같다고 되뇌며 나 자신을 위로했다.

아이는 자기의 행동이 문제 행동인지도 모른다. 그저 그 행동을 통해 엄마가 힘들어 하는 모습과 주변 사람들의 시선을 느끼면서 '뭔가 잘못되었나 보다.'라고 생각할 뿐이다.

놀이를 모르는 아이에게 소위 말하는 감각 추구적인 행동은 그저 모든 것을 놀이로 생각해서 했던 것이었다. 그런데 나는 그것을 놀이로 보지 않고 문제 행동으로 여기었다.

그렇다면 우리 예지에게 더 재미있는 놀이가 생기면 이런 집착적인 행동의 모습에서 빠져 나올 수 있을까? 결국 그 재미있음도 엄마의 기준에서 시작되는 것이 아닌 아이의 기준에서 만들어져야 하므로 우리 엄마들은 끊임없이 아이가 무엇을 좋아하는지 지켜봐야만 한다.

그런데 내가 아이를 지켜보는 동안 알게 된 것은 아이는 엄마를 보고 있다는 것이었다. 그렇게 지켜보는 가운데 아이가 엄마의 존재를 늘 곁에 있는 사람이고, 바라보며 따라해야 하는 대상으로 인식하게 된다는 점이었다.

밖에 나오면 앞만 보고 방향 감각이 없이 뛰는 아이를 보며 저 아이를 어찌 해야 하나 걱정되었지만, 예지는 지금 주변을 너무나 잘 보고 잘 살핀다.

예지가 이야기를 할 수 있게 되면, 4살 때 유독 왜 그렇게 앞만 보며 눈을 감고 뛰었는지도 꼭 들어보고 싶다.

그리고 꼭 그날이 오길 바랄 뿐이다.

또한 우리 엄마들이 말하는 아이의 문제 행동은 애착과 함께 자연스레 없어질 수 있다는 것을 보게 된다.

우리는 사랑하는 사람이 생기면 그 사람을 위해 배려하고 이해하려 하며 더 사랑받기 위해서 기다려 준다. 이와 같은 원리를 느낀 일이 있었다.

무엇인가에 욕구라는 것이 별로 없었던 딸아이였기에 나는 어떤 것이 되었든 아이가 포인팅하며 원하면 바로바로 대응을 해주었고, 예지가 원하는 것을 꾸준히 채워주기 위해 노력했다.

비로소 그 반응에 미소 짓고 소리 내며 웃기 시작하는 모습을 보며, 인지 능력도 올라가고 애착이 되었다는 것을 느낀 시점이 있었다.

어느 날 두 가지 시도를 해보았다. 하나는 아이스크림을 10개나 먹으려던 아이에게 "예지야, 엄마가 돈이 없어 하나만 사야 해. 하나 살 수 있니?"라는 질문에 "한 개요."라고 대답하며 고개를 끄덕인 것, 또 하나는 "엄마가 교회에 예배드리고 기도하러 가야 하는데 가? 가지 마? 가지 마? 가?"라고 물었더니 예지가 "가지 마!"라고 말하며 나를 끌어안고 붙잡았던 것이었다.

정말 꿈만 같았다. 얼마나 기다린 말인가?

"엄마, 가지 마!"

그래서 물었다.

"그러면 누구랑 있어?"

그랬더니 "나!"라고 말하는 딸을 보며 정말 감사했다.

이후 "예지야, 엄마랑 같이 할래?"라고 물으면 뭐든 같이 한다고 하는 모습으로 예지는 변했다.

얼마나 기다렸던가. 얼마나 기다리며 울어야 했던가. 나에게 이렇게 반응해 주고 말해 주기를. 딸아이의 이 대답들이 나를 행복하게까지 해 줄 것이라고는 난 전혀 상상도 하지 못하였기에 참으로 기뻤다.

그리고 아이의 패턴, 반복적인 모습도 기다리면 꽃을 피우고 열매를 맺는다는 것도 알았다. 결국, 우리의 지나친 생각이 강박으로 이어지고,

문제 행동이 나쁜 습관으로 남을 수 있다는 것이다. 그럼에도 불구하고 역으로 생각해 보았을 때, 바로 그 습관은 아이에게는 좋을 수 있다. 우리에게도 고치고 싶지만 절대 못 고치는 어떤 습관이 있지 않은가.

우리가 아이들을 이와 같은 마음으로 품을 수 있다면, 아마도 우리 아이들이 자기도 모르게 하는 나쁜 습관에서 조금은 자유로울 수 있을지 모른다. 또 성장하는 것에 따라서 그에 맞추어 조절할 수 있는 능력도 길러진다는 것도 기억할 수 있었으면 한다.

내 아이는 나와 다르다고 생각할 것이 아니라 '나도 그랬어. 물론 이만큼은 아니었지만. 나도 이땐 그랬지…'라는 마음을 갖는다면 아마도 아이를 더 편하게 돕는 징검다리 역할을 감당할 수 있는 길이 될 것이다.

아이들의 상동 행동과 자폐 스펙트럼 등을 무조건 고치려고 애쓰기보다는 더 좋은 방향으로 해석해 볼 수도 있다. 아이들의 경우 문제 행동을 통해 창의를 만들어 내고, 이로써 성장이 이루어지기도 하기 때문이다. 아이의 모든 행동을 인지 행동 치료적인 관점으로 볼 것만은 아니라는 생각도 해 보게 된다.

우리도 어떤 기술을 터득할 때 한 번의 훈련만으로는 만들어지지 않는다. 우리 아이들은 발달이 지연된 것이므로 더 많은 훈련과 시간을 가져야만 어느 정도 기술이 만들어진다는 것을 기억할 수 있었으면 한다.

어떤 아이들은 음성이나 소리를 구별하지 못하기도 하고, 또 어떤 아이들은 감각이 둔하여 센 감각에도 반응하지 못하며, 어떤 아이들은 빛의 세기를 강하게 받기도 하고, 빛의 세기를 적게 받는 아이도 있다.

우리의 얼굴 생김새가 다르듯이 아이들도 이렇게 다 다른 면모들을 갖고 있다.

그런데 아이들은 성장을 위해서 일상 속에서 끊임없이 몸부림을 친다.

아이들의 입장에서 우리가 진정으로 어떻게 해주기를 바라는지 한 번 생각해 볼 수 있는 기회가 되기를 바란다.

아이들은 '왜 나에게 자꾸 하지 말라고 하지?'라고 반문을 던질 수도 있다.

그러나 대부분의 많이 위축된 아이들은 대체적으로 순종적인 편이다. 어느 정도는 부모의 눈치를 보며 지시에 잘 따른다. 또한 그 지시에 따르는 행동을 학습하다 보니 수동적인 삶을 살아가기도 한다. 그래서 더더욱 안타깝다.

그리고 아이들이 발달 지연의 상황이고 발달 장애를 겪는 과정이 걱정되어 온갖 치료를 강행하면서 아이러니하게도 자꾸 아이들을 돌봐주려고 한다.

이것이 과잉보호의 모습일 것이다.

아이들이 하는 행동들이 남에게 피해를 줄까 싶고 동시에 그 행동이 나의 눈에 차지 않기 때문에 결국, 아이들이 자유로운 생활을 할 수 없게 되며 활동을 못 하게 부모가 돕는 셈이 되는 것이다. 이런 일련의 일들이 반복되고 다시 아이들을 계속적으로 발달 지연에 머무르게 한다. 가슴 아프게도 이런 악순환이 반복되는 것이다.

진정으로 아이의 문제 행동이나 나쁜 습관을 포기하게 하려면 좋은 습관을 더 많이 가질 수 있도록 부모가 아이를 세워줘야 한다고 생각한다.

교육은 들통에 물을 채우는 것은 아니다
교육은 불을 지피는 것이다

_ 윌리엄 버틀러 예이츠William Butler Yeats

내가 무엇을 할 수 있을까 의심하지 말고, 아이도 역시 한 가족의 일원으로 보고 또 믿어야 한다. 내 아이의 손에 일할 수 있는 도구를 선택할 수 있게 기회를 주고, 도구를 쥐게 하고, 함께 그 일을 나눠서 행한다면 아마 아이들에게 능동적인 삶의 50%의 동기 부여를 줄 수 있는 것이 되지 않을까.

오늘부터 내 아이를 한 번 더 믿고, 완벽하게 해내지 못해도, 조금 어설퍼도 이렇게 들려줘 보자.

"그래. 할 수 있네! 이렇게 하면 되는 거야. 엄마도 처음에는 너보다 더 못했어. 넌 엄마보다 더 잘한다! 대단해!"

그리고 미소 짓는 아이를 보며 "파이팅!"이라고 외쳐 주자.

우리 아이들이 부모를 통해 보는 세상은 아름답게 변화될 수 있을 것이다.

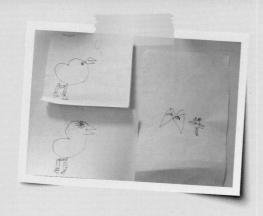

오늘
말고
내일
무엇을
할
수
있을까요?

내일의
안녕을
어떻게
장담하세요
당신에게
주어진
오늘을
잘
쓰세요
내
아이와
함께하는
오늘은
최고의 날
입니다

아이를 위한 기도

(주)마음새

너와 나의
차이점

예지의 치료를 고집하면서 우리 아이는 발달 지연일지 아니면 발달 장애일지만을 생각했던 것 같다.

너무나 눈앞에 처해진 상황만을 들여다보고 있는 모습이었다. 모든 일에 급급하고 조급했고, 뇌 발달에 결정적인 시기가 있다는 말에 그만, 아이에게 계속적으로 틀을 정해 놓고 강요한 일이 한두 개가 아니었다.

그런데 그 근본에는 가장 중요한 차이점이 분명 있었다. 이 차이점을 깨닫고는 아이에게 미안함이 맴돌았다.

오전 10시부터 오후 5시까지. 초등학교 1학년의 시간표라고 하기에는 너무도 빡빡한 스케줄에 아이는 하루하루 지쳐갔다. 뇌파 치료로 잠을 잘 이루지 못한 아이는 짜증을 내는 나날이 지속되었다. 아침마다 학교에 가기를 거부했으며, 힘들어 하는 모습을 보였다. 그럼에도 이게 좋은 길이라며 어르고 달래고, 때론 학교 근처의 마트에 가서 아이스크림을 사주겠다고 꾀면서, 아이와 매일 전쟁을 치러야 했다.

이때쯤 학교 측에서 뇌의 기능을 향상시키는 기계를 만들었다고, 아이들에게 적용하며 특허를 출원한다고 준비하고 있던 상황이었다. 그야말로 최초이자 최고의 시스템이 구축된 환경이 만들어진 것이다.

이런 일들을 겪으면서 '그래, 고칠 수 있지. 잘 될 거야.'라고 생각하며 지냈다. 그러던 어느 날 나를 또 한 번 큰 결단을 내려야 하는, 양심에 부딪힌 갈등에 휩싸이게 한 일이 있었다.

서울시청 앞 광장에서 진행된 대안 학교 박람회를 마치고 며칠이 지난 후 아이의 고치고 싶은 모든 것을 적어 내라고 하는 조사서의 글을 읽고 바로 양심선언과도 같은 포용의 마음이 들었다.

'멈춰라! 스스로 알맞는 때에 따라 모든 상황 속에서 깨닫고 성장할 아이다. 욕심이다!'

뇌 손상의 자폐적 성향을 타고난 아이에게 너무 어릴 적부터 보여준 스마트폰 과잉 시청으로 인한 강박적 중독은 예지의 뇌파 상황을 불균형하게 만드는 데도 한몫했다고 본다. 내가 무지함으로 망쳐 놓은 예지의 뇌 불균형 상태를 되돌려야 했다. 다시 태어난 듯한 모습으로 좌뇌와 우뇌의 뇌파는 엄청난 속도로 어느 정도 알맞게 평행선을 이뤘고, 마치 평평한 평지마냥 안정된 상태에서 아이의 뇌 기능을 아이의 의지와는 상관없이 강제적으로 올리는 행위는 너무도 위험한 일로 만드는 것이라는 생각이 들었기 때문이다. 그 순간부터 기쁨을 느낄 수가 없었다. 이와 같은 일은 믿음으로 할 수 있는 차원의 문제가 아니었다. 남편이 이 학교 재단의 이사직을 맡고 있기도 했고, 학교의 성장을 위해 기도하며 힘쓴 나였지만, 뇌 기능을 발달시키고 향상시키는 이 기계는 예지를 위해 만든 기계라고 말씀하신 부분이 더 마음을 부담스럽게 했고 버거웠다. 난 알고 있었다. 이것만 하면 내 아이의 발달 지연의 모습이 급 변화될 것이라는 것을. 분명 빠르게 좋아질 것이라는 것을.

그런데 바로 이 순간 앞만 보고 달리던 내가 멈춰야 한다는 생각과 함께 몸이 반응하기 시작했고, 급성폐렴에 걸리면서 신나게 달리던 발을 멈췄다. 이를 계기로 모든 상황을 천천히 그리고 깊이 되짚어가기 시작했다. 어디서부터 어떻게 잘못된 건지 회상해 보았으나 이때까지 크게 잘못된 것은 없었다. 참 감사하고 다행스러웠다.

서야 할 때 바로 선 것이다!

이 엄청난 일을 결정하기에 앞서 예지에게 물었다.

"학교 안 가? 가?"

"안 가!"

이 대답을 들은 난 예지에게 고마웠다. 또 아이의 눈을 보며 다시 얘기했다.

"네가 학교 가고 싶으면 꼭 말해. 가고 싶다고! 그럼 그때 학교 가자."

그리고 또 물었다.

"엄마랑 같이 공부하는 게 더 좋아? 아니야?"

3초도 안 되어 예지의 입에서는 "좋아요."라는 말이 뱉어졌다.

어쩌란 말인가.

이게 웬 또 날벼락 같은 일인가.

예지도 힘들었나 보다. 수개월간의 그 몸부림이 내 앞을 스쳐갔다.

그리고 난 어떤 결정을 내려야만 하는지 너무 막연하고 막막했다.

내 아이의 힘든 마음을 무시하고 왔던 나였음을 볼 수 있게 되었다. 학교생활을 힘들어 하는 내 아이를 어떻게든 발달 지연과 장애라는 굴레에서 벗어나게 하려 했던 내 모습이 떠올랐고, 많은 이들이 소원하는 일반 아동의 모습으로 일반화시켜 보겠다며 내 아이의 마음을 헤아리지 못하고 강행군의 삶을 강요한 것 같아 미안했다.

난 무지하고 어리석은 엄마였다.

지금까지 나의 삶은 감사를 잃지 않으려 노력한 삶이었고, 모든 이들의 기쁨을 위해 달렸다 생각했다. 그러나 돌아보니 아니었다. 그저 100%의 감사도 아니었고, 기쁘지도 않았다. 왜 난 성향도 그렇고, 이렇게 매사 슬렁슬렁 모든 일을 그냥 넘어가지를 못하는지 오히려 양심에 가책이 들었다.

아닌 건 아니다!

욕심!

사랑이 아닌 것을 붙드는 것은 어리석은 일이다!

이런 생각들이 나를 이렇게 또 한 번 멈추게 했다. 절대 하지 않길 바랐던 홈스쿨링을 해야 하는, 좋은 길이라 여기며 가려 했던 그 길에서 돌아서 방향을 돌리고, 내 주관적인 생각을 내려놓아야 하는 이 일이 또한 두려웠고 슬펐다.

'아, 난 못하는데. 아, 난 할 수가 없는데….'

그러나 결국 예지의 학교생활, 학교에서의 교육, 선생님들과 친구들과의 좌충우돌 생활 모두를 다 내려놓게 되었다.

예지의 학교생활은 2016년 12월로 마침표를 찍게 되었다.

지금 예지는 나와 전국 투어를 하며 홈스쿨링을 하고 있다.

그런데 또 한 번 기대하고 상상하지 못했던, 참 놀라운 일이 일어났다.

난 나의 나약함 앞에, 그 고백에, 또 이와 같은 도움의 손길이 있는 것에 감사해 눈물을 흘리게 되었다.

이유인즉슨 학교를 내려놓자 예지의 공부를 도와주겠다며 발달장애인을 가르친 현장 경험이 있고 현재도 그 일을 하고 있는 선생님들이 나타난 것이다.

세상에 이런 일이! 말이 안 되는 일이지 않은가!

이와 같은 일들이 나를 기도의 자리로 이끌었다. 주어지는 일에 감사하겠다는 고백과 함께 예지의 치료 프로그램이 아닌 지금껏 아무도 시도하지 않은 새로운 홈스쿨링을 재능 기부 선생님들과 진행하는 행운의 일도 겪고 있다.

예지가 학교에 다닐 때는 잘 발견하지 못했던 모습을 홈스쿨링을 하면서 자연스럽게 더 많이 보게 되는데 참 사랑스럽다.

이전에는 아이를 평가하기만 했다. 그렇지만 다 내려놓고, 내 기준을 없애 버리니 아이의 눈높이에 맞는 모습을 취하는 나의 모습을 보고 느끼는 것이 재미있기도 하다.

그러고 보면 애착도 더 끈끈해지는 것을 몸소 팍팍 느낀다.

예지는 이제 뭐든 나에게 같이 하자고 한다. 자폐 성향이 짙었던 아이가 뭐든 같이 하자고 하는 이러한 시간은 내게 참된 기쁨을 더불어 안겨 준다.

그림도 같이 그린다. 참으로 꿈만 같다. 왜냐하면 예지는 자기의 영역에 누군가가 들어오는 것을, 심지어 부모라 해도 싫고 귀찮아했던 아이였기 때문이다. 나에게도 이런 순간이 오다니! 예지의 이처럼 변화되고 성장하는 모습에 난 감탄을 할 수밖에 없다.

이제 와 보니 내 아이의 성향과 또 좋아하는 게 뭐고 싫어하는 게 뭔지 정확히 알지도 못했다. 예지는 내성적인 아이인 줄 알았는데 그 반대고, 싫어하는 게 많은 줄 알았는데 도전을 많이 하며, 좋아하는 게 별로 없다고 생각했는데 작은 것에도 감사하는 아이였다.

그러나 함께 보내는 시간이 많을수록 때때로 우리 둘의 세대 차이를 발견하곤 한다.

세대 차이는 서로 다른 세대들 사이에 있는 감정이나 가치관의 차이를 가리킨다고 하는데, 아주 정확한 설명이라는 생각을 예지와 함께 지속적인 시간을 보내며 너무도 자주 하곤 한다.

움직이는 몸짓과 감정을 제외한 예지의 가치관을 아직은 알 수 없다. 그렇지만 분명 자유로운 영혼이 될 것 같은 생각이 든 적이 있었다.

얼마 전 세면대에서 세수를 하면서 예지가 갑자기 "폭포!"라고 말했다. 영문을 몰라 예지에게 물었더니 물을 틀어놓고 그 물이 떨어지는 곳에 할머니가 사용하는 각질 없애는 돌을 세워놓고는 폭포라고 하는 것이었다.

처음에는 뭐가 그리 좋은지 웃고 난리가 나 있었다.

"왜 그러는데? 뭐가 웃겨? 재밌어?"

그런 후 들여다보니 이런 작품을 만들어내고 있지 않은가?

참 신기한 것은 어느 때는 아무것도 모르는 아이마냥 반응하면서도 어느 때는 마치 천재성을 가진 아이처럼 행동하니 참 알쏭달쏭하다. 그래도 난 엄마이기에 아이의 행동을 창의성이 발휘된 것으로 보고 그것을 존중하며 이렇게 말할 수밖에 없는 것 같다.

"하하하. 폭포야? 그러네. 우와. 예지가 만들었어?"

이런 말을 해줄 때마다 알아듣는지 못 알아듣는지 나 또한 모르지만, 늘 예지는 샐쭉한 미소로 기분 좋음을 표현해 준다.

그리고 그림을 그릴 때에도 보면 알 수 있다. 예지는 세상을 통해 보는 모든 것을 자기 삶에 대입해 활용하며 좋아하고 신기해한다. 관찰을 잘하며, 자신이 본 것을 약간 캐릭터처럼 표현해 코믹하고 사랑스럽게 그려낸다.

얼마나 감사한지 모른다. 이 순간을 얼마나 기다렸던가.

동그라미만 4년을 그렸던 아이. 언제쯤 바뀔까 수도 없이 생각했었다.

그러나 갑작스러운 변화가 찾아왔다. 매일을 새로운 것으로, 늘 반복되던 패턴은 가라앉고 본인이 좋아하는 것들을 표현해 내기 시작하는 것이다. 이제는 그림을 그리면서 설명도 해준다. 잘 먹는 비타민 음료수 병도 다양하게 그려낸다.

예지가 그려내는 그림을 쓸데없는 낙서라고 여겨본 적이 없다. 그래서일까. 본인도 자기가 그리는 그림들, 만드는 물건을 소중하게 여기고 있다.

예지가 9살 때 일이다. 친정아버지가 늦게 말하는 아이들도 많다고 말하신 적이 있었다.

그 말은 예지가 6살 때 힘들어서 울고 있는 나에게 못난 나를 위로하며 힘내라고 들려준 말이었다.

그랬다. 정말 많은 시간을 울었다. 눈물을 삼키며 울었다. 내 아이가 내가 살아 있을 때가 아니어도 반드시 말을 할 거라 기도했다.

그런데 정말! 9살이 되어 예지가 말을 하였다.

내가 무엇을 더 바라겠는가.

이제금 보고 듣기 시작하며 조금씩 세상에 관심을 가지는 예지에게 들려줄 수 있는 말은 칭찬의 말, 격려의 말이고 예지는 이 말의 뜻을 알아간다.

그리고 한글을 읽으려 애쓰며 삐뚤삐뚤 글을 따라도 쓰고, 생각해서도 쓴다.

그래서일까. 자기주장도 강해졌다. 물론 아직 질문의 말을 뱉는 것은 어려워한다. 그러나 주어지는 상황을 긍정적으로 인정한다.

이런 아이를 보며 나는 또 울며 기도한다. 그리고 소망한다. 이 아이를 통해서 아름다운 세상이 만들어질 것이라는 것을.

이런 마음이 비록 내 눈에는 하찮게 보일지라도 그 행동을 존중할 수 있게 한다는 것을 알게 되었다.

나와 큰 세대 간의 차이는 있지만, 그 차이가 서로를 더 인정하고 이해하며 받아주는 발판이 된다. 그럼으로써 각각의 자리에서 또 새롭게 할 수 있는 일들이 더 많다.

그렇다.

하루하루가 지나 쌓여져 가는 분명한 과정은 있다.

그 수많은 시행착오와 희로애락애오욕喜怒哀樂愛惡慾의 감정이 조금씩 우리를 온전하게 만들어가고 있다는 것을 깨닫게 되는 것 같다.

너와 내가 세대 간의 차이로

틀림이 아닌 다름이

내게는 세상을 보는 눈을 열어주었다

네가 세상을 향해 사랑을 깨닫는 그날에 네 눈도 밝히 보일 것이야

그러려면 앞만 보고 가는 것이 아닌

주위를 둘러보며 살피고 다녀야

더 많이 보고 온몸으로 마음 깊게 알 수 있단다

예지야

세상은 넓고 할 일은 많다! 라는 말이 있어

그래

지금처럼 잘 보고 들으면 알 수 있어

내게 맡겨질 일은 꼭 있다!

넌 할 수 있어!

아이를 위한 기도

(주)마음새

엄마의 불안이
아이를 불안하게 한다면

아이들 중에 유난히 불안감이 높은 아이들이 많다. 대체적으로 보면 그 극심한 불안이 아이에게만 드러나는 것이 아니라는 것을 알 수 있다. 특히 부모 모임을 통해 이야기를 나누다 보면 나를 비롯해 트라우마가 있는 부모님이 많다. 그리고 자신은 엄마로서의 자격이 안 되는 것 같다고 고민하며 말한다.

나 역시도 이와 같은 모습일 때가 한두 번이 아니었다. 특히 아이에게 선택권을 주는 것이 아이의 사고에 좋다는 것을 몰랐을 때는 더욱 힘들었다. 알고 보면 별것도 아닌 것을 마치 아이가 고집 부리는 것처럼 생각하고 그 고집을 꺾어 보겠다며 말귀를 못 알아듣는 아이마냥 취급하기도 했다. 오히려 야단을 치면서 감정 조절 능력을 잃어 아이에게 소리도 지르며 화를 낸 것이 여러 해다. 이것은 결국 나 자신이 답답하고 불안하고 두려웠기에 아이에게 보인 모습이었지, 예지에게 전혀 도움이 되지 못한 행동이었다.

늘 부모는 아이를 대할 때, 나보다는 더 낫기를 바란다. 내가 못한 것을 내 아이가 해내기를 바란다. 그리고 자녀를 통해 느끼는 만족감을 성취감으로 연결 짓는다. 이 연결 고리를 붙들고 있는 엄마는 바로 나였다.

그런데 우리 아이들을 보면 성취감을 느끼기는커녕 사회 속에서 살아나갈 수 있을지 걱정이 될 때가 많다. 어딜 가나 늘 사회성이 없고 특히 감정 조절 능력이 떨어져 자기도 모르는 습관적 행동, 문제 행동을 많이 하며, 표현력이 부족해 말을 잘 못하기 때문에 부모는 늘 노심초사, 불안할 수밖에 없다.

그런데 바로 이것이 함정이다!

내 아이가 취학하기 전에 어떻게든 일반화시키고 고치겠다는 마음으로 전국을 다 돌아다니며 갖가지 치료라는 치료는 빡빡하게 진행하였다.

나는 시간과 돈을 투자하였지만 생각만큼 아이가 바뀌지 않아 불평하였는데, 나 스스로 아이에게 온전한 믿음과 태도를 보여주고 있는지 한번쯤 생각해 보아야 한다.

내 아이가 나에게 진정으로 바라는 것이 무엇일까!

그리고 내가 내 아이에게 진정으로 바라는 것은 또한 무엇인가!

세상을 살면서 무엇이 되고, 사회에 영향력 있는 사람이 되자는 리더십에 관한 슬로건이 거의 대부분의 책에 쓰여 있다. 그러기 위해서는 자존감이 높아야 한다는 점이 요즘의 자녀 교육서에서 일괄적으로 다루는 내용이다.

그래서일까?

부모들, 특히 주로 양육을 맡는 우리 엄마들은 어디서 시작되는지도 모르는 죄책감과 내 아이는 내가 돌봐야 한다는 당연한 책임감에 아이를 어떤 기관에 맡겨두는 일 외에는 혹 내 아이가 불이익을 당할까, 아동학대라도 당할까 무서워서 떼어 놓지를 못한다.

이것이 염려이고, 불안한 감정이다!

엄마들이 이런 말을 많이 한다. 세상이 무서워졌다고, 무서운 세상이라서 내 아이는 밖에 둘 수 없다고. 그럴듯하고 합당하게 들리는 이유를 늘어놓으며 우리 부모들 역시도 아이들보다 더한 이 불안함을 멈출 새가 없다.

특히 미취학 아동의 경우 부모는 아이의 일반화를 위해서 모든 것을 다 투자하는 경우가 많다. 물론 이것은 도전이기도 하다. 내 아이를 어떻게든 바꾸겠다는 의지! 그래서 더더욱 모든 생각을 내 아이의 성장 발달에 집중하게 된다. 또 사회적으로도 치료를 일찍부터 서두르라고 재촉하는 수많은 치료 센터들의 아우성 때문에 엄마들은 아이의 감정을 살필 새도 없이 이곳저곳으로 아이를 데리고 다닌다. 발달 지연 치료의 길은 엄마들을 막연한 불안감만 키우게 만든다.

나 역시도 그랬다!

최고의 시스템, 최초로 개발된 발달 치료 프로그램을 이용하니까 곧 내 아이는 특별하게 될 거라는 생각이었다. 간절한 마음으로 아이를 센터에 맡기기만 하면 되는 줄 알았다.

그리고 내 아이가 이 치료의 성공 사례가 될 수 있지 않을까라는 생각도 가졌다. 일반화의 모습을 갖춘 아이들이 거의 없기 때문이다. 그러나 그중에서 단 한 명이라도 치료 성공 사례가 발생하게 되면, 이 성공 사례가 모델이 되어서 엄마들은 내 아이에게도 이런 일이 일어날 수 있고 일어나야만 한다는 생각으로 그 방법에 집중한다.

이런 엄마들을 통해서 아이에게 과연 어떤 치료가 이루어질 수 있을 것인가. 요즘에는 부모에 대한 교육을 각 복지관이나 치료 센터, 육아 종합 지원 센터나 여성 지원 센터 등에서도 진행하고 있다.

그렇다. 보이지 않는 것을 믿는 것은 참으로 힘들다. 보이는 것과 끊임없이 싸워야 하기 때문이다. 믿음은 간절함 가운데 만들어지기도 한다. 내가 그랬다! 그래서 기독교에서는 믿음을 갖게 되는 것을 은혜라 한다.

내 앞에 지금 보이는 현실이 전부라는 생각에 빠지지 않아야 이와 같은 믿음의 일이 가능하다. 사랑과 용서로써 눈에 보이는 일련의 일들을 덮을 수 있어야 한다. 그렇게 되면 어느 정도 치료하고 노력한 만큼의 기준선에 도달하지 않는 것을 보더라도 한탄하는 일이 줄어들게 된다.

우리 부모님들은 아이가 왜 그런 행동을 하는지, 무엇이 아이를 불안하게 하는지에 대한 원인만 찾기를 반복하는 것이 지금의 실상이다. 아이의 깊은 내면의 심리적 외침을 헤아리기보다는 왜 내 자식은 내 말을 안 듣고 이런 불안한 행동을 하는지에만 집중하기도 한다. 그래도 "난 엄마니까!"라며 이런 부담스러운 생각에서 벗어나려 발버둥친다.

그리고 아이에게 99번 잘하고 한 번 화를 낸 후 뭔지 모를 죄책감에 시달리는 부모들도 많다. 이런 생각을 하다 보면 내 아이의 세상 속에 엄마라고는 바로 나, 단 한 사람인데, 그 한 사람인 엄마가 말할 수 없는 죄책감으로 힘들고 불안해하며 스스로 엄마 자격이 안 된다는 생각을 갖고 자식을 대한다면 그 자식이 누구를 의지할 것인가, 그 아이의 삶이 어떻게 되겠는가라는 물음을 가진 적이 있다.

우리는 오늘만 사는 게 아니다. 꿈이 있든지 없든지 누구나 막연한 미래를 향한 불안함이 있음을 조금 더 인정해야 한다. 내 아이만 이렇게 감당이 안 된다는 생각을 줄이고, 아이의 관점에서 한번이라도 더 생각한다면 아이가 소위 말하는 짐이 아닌 복덩이가 될 것이라 생각한다.

사람은 여러 감정으로 살아간다.

동양에서는 보통 일곱 가지 감정을 이야기한다. 희로애락애오욕(기쁨, 분노, 슬픔, 즐거움, 사랑, 싫음, 갈망)을 가지고 있다고 말한다.

99번 정말 잘하고, 1번 욱!

우리 엄마들이 말한다. 아이에게 화를 내면 죄인이 된다고.

분노 자체가 죄가 아니다. 문제는 화, 분노를 어떻게 처리하느냐는 것이다. 그 처리 방법에 따라서 죄의 여부가 결정되는 것이 아닌가 생각해 본다.

분노를 다스리는 것이 대화다. 그리고 분노를 다스리는 대화의 법칙

이 있다. 자기의 말은 1분 동안 하고, 상대방의 말은 2분 동안 들어주고, 3분 동안은 상대방의 말에 맞장구를 쳐주는 것이다.

"믿음은 바라는 것들의 실상이다."라는 말이 있다.

어떤 말을 하느냐가 가장 중요할 테지만, 사람이 말을 할 때에는 그 사람의 내면에 있는, 상대에 대한 자세와 태도가 가장 중요하다는 생각을 해 본다.

참고 인내하며, 법을 지키려고 노력하는 것이 매우 중요할 것이다.

새가 우리 머리 위로 날아갈 수는 있지만, 새가 내 머리 위에 둥지를 트는 것은 내 책임이듯 우리에게 여러 가지의 감정이 있지만, 그 감정을 판단할 수 있는 이성적인 사고 또한 있다.

그러기에 아이는 아직 미성숙해서 감정 조절이 조금은 힘들더라도 우리 어른들은 다스릴 수 있음을 본다. 그리고 감정을 선택할 수 있는 만큼의 훌륭한 두뇌를 지녔음에 단호하게 결단도 할 수 있다고 생각한다.

그런데 우리는 한 번쯤 이런 생각도 또 이런 물음도 가질 수 있다.

그렇다면 왜 화를 내면, 분노를 품으면 안 될까?

자기의 의사를 표현하는데 꼭 유난히 화부터 내는 분들이 많이 있다.

버럭! 욱!

그런데 이렇게 반응하면 그 당시에는 본인은 좋을지 몰라도 결국, 상대와 나에게 부정적인 영향을 줌으로써 건강에 해롭다. 궁극적으로 화는 사랑과 거리가 멀다.

우리는 자식을 사랑하도록 만들어졌다.

자신이 의사로서 생활했던 지난날을 돌이켜 보면서 어느 의사가 이렇게 말했다. 많은 환자들이 대략 2, 3년 전에 가슴에 피멍이 들고, 몇 날 며칠, 수십 날을 자지 못하고 괴로웠는데 2, 3년이 지난 지금 불치병에 걸리고 말았다는 고백을 자신에게 했다고 한다.

오늘날 많은 사람들의 문제는 감정의 문제로 인해 발생한다.

발달장애인 아이들의 문제도 좌뇌와 우뇌의 불균형이 선천적인 원인이 될 수 있겠지만, 감정 문제의 영역은 상당히 크다. 감정을 다스리지 못해서 행동과 태도에 문제가 생기고, 부모도 건강이 상하고 아이들의 건강은 더 상하는 경우가 많다.

미국의 한 심리학자는 모든 정신질환의 80~90%는 분노와 관계된 것이라고 말했다. 인간의 문제는 정치나 경제의 문제가 아닌 감정의 문제라고 했다.

나라를 위해서는 죽지 않아도 기분이 나쁘면 목숨을 건다는 말도 있다. 기분이 나쁘면 천당도 마다한다. 아무것도 아닌 것에 감정이 조절되지 않아서 우리는 화를 낸다. 사소한 것에 목숨을 거는 경우가 너무 많다. 이것이 우리네 인생이다.

그러면 '화'라는 감정을 어떻게 다스릴 수 있을까?

화가 날 만한 환경을 피하고, 충분한 휴식을 취하고, 화가 날 때는 자신의 마음을 들여다보는 습관이 필요하다.

또 '내가 왜 화를 내는가? 이 일이 화를 내야 하는 일인가?'와 같이 한

번 더 생각하는 절제의 훈련도 중요하다.

하루아침에 분노를 극복할 수는 없다.

자기 자신과의 싸움에서 이기도록 노력해야 한다. 그리고 화를 극복하는 자신만의 노하우를 만드는 것이 어쩌면 다른 사람의 비법을 따라하는 것보다 더 나을 수 있다.

난 그랬다. 몇 번이나 같은 말을 되풀이해도 모르는 건지 아는 건지 도무지 알 수 없이 아이는 산만함의 극치인 모습을 보였다. 참 버거웠고 그땐 너무 보기가 싫어서 그만 화를 내었다. 예지를 향해서 소리를 지른 것이다. 그리고 내 감정을 다스리지 못하고 아이를 마구 때리는 일도 허다했다. 결국 내 감정 풀이 대상이 내가 사랑하는 예지가 된 셈이다.

그 후 한동안 아이를 향해 웃을 수 없는 죄인이 되었다. 죄인의 마음으로 순간 마음이 무거웠고 한숨이 나올 뿐이었다. 결국, 나의 약함을 고백하며, 내가 신뢰하는 그분에게 기도하는 길을 택했다. 물론 지금도 화를 다스려 달라 기도를 한다.

아마도 화는 소멸될 수는 없을 것이다. 화와 분노는 사랑과 함께 내 안에 머무는 감정이기 때문이다. 그러나 난 화는 반드시 다스려야 할 감정이고, 다스려질 것이라는 것을 믿는다.

또한 한 번쯤 화에 대해 어떻게 생각하는지 스스로 조금 깊게 생각해 볼 필요도 있다 생각된다.

그리고 나를 무겁게 하는 모든 감정을 누르며 무조건 참기보다는 그 심정을 기도를 통해 믿음 안에서 토하는 것이 필요하다고 생각한다.

참 신기한 것은 기도와 함께하면 감정이 잘 다스려진다는 것이다.

또 나보다 상대가 그리고 내 자녀가 낫다고 여기는 마음을 가져보는 것도 불안, 두려움, 화를 극복할 수 있는 방법 중의 하나가 될 것이다.

나를 비롯한 우리 발달 지연 발달장애인 아이들을 키우는 엄마들이 조금 더 담대하기를 소원한다.

발달 지연 발달장애인 아이들도 분명히 이 사회에서 꼭 필요한 어엿한 사회인이 될 것이다. 지극히 작은 일을 할 수도 있을 것이고, 이웃을 돕는 삶을 사는 사회의 일원이 될 수도 있을 것이다. 이렇게 성장하리라는 것을 간절히 믿고 사랑과 용서의 말로 용기 있게 대한다면 아이를 결코 수동적인 자아의 창의성이 없는 사회인으로 만들어 내는 일은 없을 것이다.

발달 지연 발달장애인은 본인 스스로가 비장애인보다 부족하다고 여기기 때문에 약자의 모습을 지니지만, 그래서 나약한 자를 돕는 더 가치 있는 강한 자가 될 것을 믿는다.

그리고 우리의 이 간절한 믿음이 엄마도 불안에서 벗어나게 하고, 아이도 두려움을 극복할 수 있는 좋은 동기가 될 것임에 틀림이 없다.

어떤 사람이 한 말이 기억에 남는다.

"화가 나면 10까지 세어 보자. 죽고 싶으면 100까지 세어 보자."

불안은 누구나 있어요

그리고

사랑도 누구나 있어요

아이들은 불안을 원할까요?

아이들은 사랑을 원할까요?

오늘

당신은

아이에게

어떤 것을 전해주고 싶으세요?

답은

비교하지 않는 사랑

온전한 사랑입니다

아이를 위한 기도

(주)마음새

재능기부하는 엄마
& 재능기부받는아이

| 행하시는 하나님 아버지 |

작은 재능이 나의 욕심으로 건설되지 않는다면
어쩌면 우리도 당장은 아니더라도 후세에 역사의 한 인물로 남겨질 수도 있겠다
삶의 섭리 안에서 나의 모든 것과 이웃을 통해 행하는 역사

더디다고
생각될 때
주저앉지 마세요

난 어릴 때 친할아버지와 같이 살았던 적이 있었다. 그래서인지 특히 친할아버지는 손녀 사랑이 각별했고 나는 넘치는 사랑을 받았다. 친정 엄마는 늘 다른 가정의 아이들보다 날 더 잘 키울 수 있다고 생각했고, 영재로 키워내 보고 싶어 했었다. 왜냐하면 엄마는 친할머니로부터 나를 꼭 특별한 아이로 키우라는 말을 들으며 나를 키웠기 때문이다. 그에 부응하듯 나는 유아 때 또래 아이들보다 한글도 빨리 떼었고, 책을 읽으면 아예 책 전체의 글을 토씨 하나도 안 틀리고 다 외워버리는 아이였다. 지금 와서 생각해 보니 온 가족들은 이런 나의 모습에 엄청난 기대를 걸었던 것이다.

그런데 그러한 일은 내가 초등학교 5학년 때 송두리째 사라져 버렸다. 당시 엄마와 아빠는 매일 싸웠다. 그리고 나를 극도의 불안함으로 몰고 갔다. 아마 엄마와 아빠는 절대 나의 감정을 알지 못했을 것이다. 우리 가족은 갑자기 언제 헤어질지 모르는 사이가 되어 버렸다.

나의 하루 일과 시간표 속에서 친구들과 팀을 짜고 놀며 마냥 행복했던 즐거운 시간은 사라져 버렸고, 불안함 속에서 정말 하기 싫은 공부를 해야 하는 강요만을 받았다.

지금도 기억난다. 트라우마가 생겨 시험지만 보면 몸을 바들바들 떨던 나의 모습. 이 어린 아이가 정말 하고 싶었던 것, 그것은 운동과 미술이었다. 나는 뛰노는 것과 수채화 물감으로 그림 그리는 것을 좋아했던 아이였다. 그런데 매일 집에서 과외 수업을 들어야 했다. 다른 사람이 보기에는 복에 겨운 모습이었을 수도 있겠지만 당사자인 나는 정말 너무나 괴롭고 싫었다. 나의 생각은 온통 책상에서 벗어나 밖으로 나가 노는 것으로 가득했었기 때문이다.

내가 하고 싶은 일은 따로 있는데 그것을 접고 싫은 일에 집중하는 것은 보통 힘든 것이 아니었다. 그래서 공부를 한 것이 아니라 보여주기 위한, 하는 척 하는 공부, 시간 때우기를 했던 나다.

공부에 전념을 해야 한다는 이유로 예술 중학교, 예술 고등학교 언니들이 있던 미술 화실을 그만두어야만 했다. 나는 슬펐다. 그리고 화가 났다. 내 억눌린 감정을 풀어낼 공간이 사라진 것이다. 또한 불안함은 극치에 다다랐다. 알 수 없는 수렁에 빠진 나였지만 우리 가족 어느 누구도 이런 나를 몰랐다. 엄마와 아빠의 반응은 "똑똑한 네가 왜 이렇게밖에 못하는지 정말 모르겠다."였다. 난 이 말을 들으면서 또다시 위축되기도 했고 공부는 더더욱 하기 싫어했다. 남들보다 빨랐던 내가 이러한 상황의 굴레 안에서 더딘 아이가 되어가고 있었다.

바로 그때 친정 엄마는 친정아버지와 사이가 굉장히 좋지 않았고, 별거를 하는 일까지 있었다. 이러는 바람에 내 부모들은 자식들에게 특히 나에게 미안해하는 일들이 많이 있었다. 왜냐하면 엄마가 집에 들어오는 것을 싫어하기도 했지만, 사업으로 인해 너무 바빠서 점심 도시락도 내가 직접 싸서 다녀야 했기 때문이다. 그리고 가끔씩 엄마를 집이 아닌 학교에서 마주해야만 했다.

그때부터 계속 한결같이 더 해주지 못하는 마음을 품고 엄마는 나에게 이렇게 말하기 시작하셨다.

"넌 잘 될 거야. 엄마는 널 믿는다!"

도대체 이건 또 무슨 상황인 건지. 나를 못 잡아서 그렇게 야단도 아니었던 엄마가 변한 것이다. 해도 해도 안 되는 날 포기한 건가라는 생각도 들었다.

'그렇게 날 향한 믿음이 갑자기 든 건가? 뭐지? 내가 이 말을 믿어도 되나?'

이러한 의심과 수만 가지의 생각이 머릿속을 오고갔다.

결국 엄마의 이 말이 진심으로 다가오는 날이 있었다.

엄마가 어린 나에게 "넌 나를 이해할 거라 믿는다."고 말하며 내 앞에서 폭풍 같은 눈물을 흘러댈 때였다. 난 우는 엄마를 보며 이런 생각이 들었다.

'엄마도 힘들구나. 아프구나. 슬프구나. 엄마도 여자구나!'

적어도 나에게만큼은 호랑이 같은 성품이었던 엄마도 한 명의 여자, 사랑을 갈망하는 여자로 보였고, 엄마의 인생이 여자로서 참 불쌍한 것 같기도 했다. 나는 못 이기는 척 "그래, 난 잘 될 거야!"라며 엄마의 말을 믿기 시작했다. 엄마를 원망하지는 않았다. 어릴 때부터 나이에 비해 유독 조숙한 나였기에 이런 이해가 가능했나 싶기도 하다.

지금의 내 모습은 이런 모든 과정을 통해서 만들어졌지만 그때는 난 사춘기 여자아이였고, 몹시 우울했다. 그리고 아무리 엄하고 무섭고 동물로 비유하면 호랑이 같았던 엄마였지만 그래도 나의 우상이었던 멋쟁이 엄마는 점점 꿈을 잃어갔다. 이런 엄마를 보며 나는 힘들고 슬펐다.

나는 이미 초등학교 5학년 때부터 꿈을 잃었고, 내가 좋아하는 모든 것을 할 수 없게 되었으며, 나란 아이에게 재능이란 것이 과연 있는지 끊임없이 의심하며 시간을 의미 없이 보내던 때였다.

그러나 그러한 과거가 무색하리만큼 180도 달라진 나의 모습은 나조차도 이건 나의 의지적인 삶이라고 설명할 수가 없다. 이렇게 변할 수 있었던 것은 전적인 하늘의 은혜라고 생각할 수밖에 없다.

그런데 나와 아동 시절부터 지금의 예지맘이 될 때까지 동고동락하며 함께 한 친구는 나에게 이런 이야기를 들려주었다.

"넌 해낼 줄 알았어! 네가 항상 나에게 보내온 편지에 우린 잘 될 거라고 늘 했었거든!"

내가 그때는 이랬었다는 것을 이 편지를 보면서 떠올린다.

정 붐이 되어 찾아오는데로 더욱 풍부스럽게 더 느껴진다.

하며 나의 꿈이 있어 좋았다 근데말야 아! 왜 웃었었이까. ~ 원래 그냥.

하며도 많이 있었다 없어서 문득난 더 두러대로 에이자이가는 것인 것. 내가 그야말
많이 담아 있었던 느낌거예요. , 뭐 뭐 날까요?

원예야 ! 원예야 ! 어머니가 이 불쌍 거덮기 뚝뚝하는 거였니까? 그중에 많은 일들이
있었다. 현근 많은 사랑도 한번해봤고 어머니가 친구에게 배워했던 돌......

나 진짜 먹힐 연화 대단했다. 지금 나에게 이야기있는데 앞으로 20년 30년 후에는
뭔 없이 없었소. 내 100분이라도 될거야지..

지금까지 너에게 얼마나 얼굴로 붓이 얼굴하고 한행간에. 직정작일이이 얼마간 세상것에서
몰라진 얼굴하여 얼굴하는거가 , 원래뭐 더 적절다 얼마하지 . 녀고기가지기
너도 너라 붓이 되었더라 가려해 마음으로 그내년을 대야이일어있. 얼굴 , 어떤 원해일러나게
여라우부 선언하았게에 우리대로 나았라 나났음 .. , 그리곤 너들이 아주 나를게.
그럼 들을 배워보러 다른 너가가 되 얼굴하 묻든 좀 없는 유게 이거지에서 가장
행복함을 느끼는 어떤다운 울이이라나 더 있었요.

어머니가 돌이 힘들거나를 그럼 떨어보다 얼굴까지 엄마에서 착가하는 뭘해지만
지금 나는 그 어린 들여안 가려하고 어려웠고 얼굴거지 막아보여 없었다. 난 내 삶의 나금에서
내 삶의 자유을 바라았다고 . 좋았얼지 막거하이 내가있다고 하였어요 것이었다.

원하 너어매의어있는 당럼뭐 먼거 원하 얼굴 협뜻나 거러 원러여 대여래끼 더
뭘 어떻 2그큰 기쁨이 있다 없었나 없어 더둘 등 . 그 들이 반함여어도 .. 얼마이러 얼들여러게
얼러언 내 원여 더 끼얼께까지 그렇하다. 어렸여하 너에 더 나났러 너끼이거여.
진것어나다 .. 그럼 저들이 얼굴 , 얼굴 , 얼굴러으로 이런 한 거지 거구에 까뭐하얼듯아는
그럼 사았지러고 나았 얼굴러있 이 얼굴어는 .. 원하 대거라에어 얼들게지 있얼는
얼렸 사았지러 남얼게 있게 느어겠러다.

얼러머 세상에 남었다 더어 어렸뭐러어 멀까 너 사렸나니? 원여래가 뭐 예얼 먹......

이더 얼러여러해 뭐

그리고 또 깨닫는다.

그때는 몰랐지만 꿈의 시작점이 어디서부터였는지를, 어린 아이 시절에 품었던 작은 믿음이 내 꿈이었다는 것을.

예지가 태어나기 전 원 없이 무수하게 그렸던 성화들은 그림을 필요로 하는 이들에게 모두 선물로 주었다.

공부에는 다 때가 있다고 하는데 나에게는 지금이 그때인 것 같다. 남들이 다 가는 코스와는 왜 그렇게 안 맞는지, 나는 고등학교를 졸업하고 바로 사회생활을 먼저 익혔고, 돌고 돌아 대학도 보통 또래 친구들보다도 늦게 들어갔다. 특별 전형으로 대학에 들어가 장학금을 받으며 즐거운 캠퍼스 생활도 했다. 졸업하고 나서는 자폐성발달장애라는 판정을 받은 예지 덕분에 그리고 이렇게 재능 기부를 위해 새로운 분야의 공부를 하고 있다.

예지의 치료와 함께 내 아이의 상황도 더 인정하고 발달장애인 아이들을 이해하기 위해서 이 치료에 관련된 자격증도 땄다. 또한 공부에 대한 갈등을 하고 있을 때 한 교수님의 추천으로 갑작스럽게 온라인 대학의 아동학과에 편입해 정말 하기 싫어했던 공부도 다시 시작했다. 이와 동시에 배우는 족족 예지뿐만이 아닌 다른 발달장애인 아이들을 위해 재능을 기부하고 있다.

지금 나는 재능 기부하는 '기부 맘'이 되었다!

참으로 나는 그저 감사하고 또 놀라움을 금할 길이 없는 시간을 보낸다.

예지가 발달 지연의 길로 접어들지 않았다면 나는 이렇게 다시 공부하는 일도 없었을 것이다. 어쩌면 난 나를 향한 꿈이 뭔지도 모르는 삶을 살고 있을 수도 있다. 왜냐하면 나는 꿈을 잃어버렸던 소녀였기 때문이다.

그런데 지금 나의 아픈 손가락을 통해 내 손 전체의 소중한 의미를 배워가는 과정을 걷고 있다. 아픈 손가락을 가진 다른 이들에게 조금이나마 나의 작은 사랑을 있는 그대로 나누어 줄 수 있어서 참 감사하다.

슬픔 속에 잠겨 있어야 했던 18세 소녀는 이제 이렇게 다시 행복한 '오기사', '오배달', '재능 기부 맘'이 되어간다.

그리고 어느덧 나와 예지는 교감이라는 것을 할 수 있게 되었다. 삶의 모든 것을 재능 기부로 흘려보내는 시간들을 보내고 있는 것이다.

훗날 엄마로부터 믿음이 뒷받침된 재능 기부를 물려받은 예지가 어린 시절 기부 받은 재능으로 그 재능이 필요한 곳에 다시 특별한 재능을 기부할 수 있는 날이 오기를, 딸의 작은 미래를 그려 본다.

행복하자!

행복하자!고 그러는데

삶의 행복에

어떤 기준을 갖고 계신가요?

저는 몰랐어요

배우고 나눌 수 있다는 것을요

배우면

알아 가면

깨달으면

나눌 수 있는 일들은 배가 되고

두세 배가 된 그 일들이

누군가를 돕는 일이기에

가치가 있고

어느덧

누군가를 돕는 자가 되고

나의 삶은 행복해진답니다

지금 시작해 보세요

새로운

공부를요!

아이를 위한 기도

(주)마음새

내 이기심의 아성을
허무는 힘

내 이기심의 아성을 허무는 힘은 결국 사랑의 힘으로 이루어진 승리
였다.

그 사랑의 과정이 내가 지금 살아 있다는 것을 증명하듯 가치 있는 삶
으로 인도하고 있었다. 이 길에서 내게 맡겨진 일들 중 하나가 온라인 라
디오 방송인 맘스라디오에서 〈예지맘의 괜찮아(발달장애인 자녀를 둔 부
모들을 위한 방송)〉라는 팟캐스트 형식의 프로그램을 30분 정도 진행하는
것이다.

정말 갑작스럽게 받은 제안이었다. 발달장애아 부모님들을 위해서 마
이크 앞에 서서 그들의 목소리를 내 줄 수 있겠느냐는 것이었다. 그러나
내가 제일 처음으로 생각한 것은 '말도 안 된다.'였다. 그래서 내게 제안
해 주신 맘스라디오 대표님께 이렇게 되물었다.

"저요? 저보고 하라고요?"

난 이런 제안이 놀라웠고, 왜 하필 나에게 이런 제안이 왔는지 의문만 들었다.

이때만 해도 나는 앞뒤를 모두 봐 줘야만 하는 미취학 아동의 엄마였다. 예지는 당시 대소변을 잘 가리지 못했고, 본인이 원하는 것에 대해 표현하는 것이 충분히 발산되지 않았으며, 욕구 표현이 적은 상황이었다. 눈의 초점을 제대로 맞추며 "이거 주세요."라는 말을 못했다. 베이비 사인도 거의 없고, 말이 나오지 않는 상황의 아이였던 것이다.

센터에 다니고 매일 산을 올라야 했던 아이의 치료 동선과 함께 나의 하루의 일상 역시도 그 패턴에 따라 만들어지고 있던 상황이었기 때문이다. 시기적으로도 다른 무엇인가를 할 수 있는 때도 아니었을 뿐만 아니라 난 이런 일은 해 본 적도 없었기에 당연히 말이 안 되는 이야기라고 생각했다. 또 예지가 다 성장한 성년도 아니기 때문에 내가 마이크 앞에 설 만한 자격도 없을 뿐더러 처음에는 오히려 방송 진행자의 자리는 나와 맞지 않는 자리라는 생각이 강했다.

그리고 또 방송 진행을 결정하는 데 어려움을 느꼈던 것에는 숨겨진 비밀이 있다. 바로 초등학교 시절, 앞에 나가 책을 읽을 때면 늘 벌벌 떨며 더듬거렸던 기억이 나를 사로잡고 있었던 것이다. 나는 많은 사람이 보는 앞에서 책을 읽을 때만큼은 180도 다른 모습의 더듬이였다.

그뿐만 아니라 일단 사람들 앞에 서면 심장이 쿵쾅거리고 얼굴이 빨

개지는 모습을 보이는 나였기에, 나를 너무도 잘 알기에 이런 내가 방송을 진행한다는 건 불가능한 일이라는 생각이 강했다. 그래서 '말도 안 된다. 말도 안 된다.'고 생각하며 고민이 더욱 컸던 것이다. 가족과 주변의 사람들은 나에게 이런 고민이 있다는 것 자체를, 내가 정말 티를 내지 않았기에 몰랐다.

그런데 놀랍게도 예지의 할머니와 친정아버지 그리고 남편이 이 소식을 접하고는 반대하지 않는 것이었다. 이 일은 내가 꼭 해야만 하는 일이라는 쪽으로 집안 식구들의 의견이 모아졌고, 결국 MC를 해야 하는 분위기로 몰아 갔다.

아이러니하게도 나는 이들의 반응에 매우 난감했다. 정말이지 이와 같은 반응은 참 말이 안 되는 상황이었음에도, 정작 말도 안 되는 일이라는 생각은 나만 하고 있던 것이었다.

나만 계속 "이건 뭐지? 난 못하는데. 할 수 없는데. 어쩌라고!"라며 혼자 외치고 있었던 모양이다.

고민하던 중 과거의 기도가 떠올랐다.

예지가 아플 때 약을 잘못 먹고 전신의 피부가 완전히 뒤집혔을 때 몸에 약을 발라 준 적이 있었다. 그때 희귀난치병으로 피부병을 심하게 앓고 있는 아이들이 생각이 났다. 나에게 시간이 조금이라도 주어지면 그 아이들의 안녕을 위해 그리고 그 아이들의 엄마들을 도울 수 있는 일이 꼭 있기를 바라며 기도했었다.

내가 이 기도를 떠올리며 마음을 다잡자 온 식구들도 한마음으로 날 더욱 응원해 주었다. 내 입장에서는 도무지 말이 되지 않았지만, 결국 모든 상황이 라디오 진행을 통해 봉사할 수 있도록 도와주었다. 순식간에 뭔지 모르게 저절로 이뤄지는 일들 같았다.

그런 후 예지는 대안 학교에 입학했고, 방과 후 수업까지 합쳐져서 오후 5시라는 늦은 시간까지 초등학교 수업을 하는 일이 실제 있었다. 정말 피할 수 없는 상황이 된 것이다. 내게 주어지는 이 일을 받아들이고, 발달장애아 엄마들에게 위로가 되는 창구로 방송을 만들어 나가야 하는 상황! 어쩌면 이리도 빨리 이런 일은 오는지. 기도한 대로 되었다.

난 또 한 번 감당할 수 없는 나를 보았다. 하지만, 감격하며 나를 지으신 분이 내 삶을 선하게 인도하실 것을 믿고 더 깊은 기도를 하였으며 더불어 감사했다. 나에게는 응원과 담대함이 절실했다. 주변의 지인 분들로부터는 방송이 매일 있는 것도 아니며 일주일에 한 번 방송되는 프로그램이었고 녹음 시스템이 가능한 방송이었기 때문에 해 볼 만하다고, 해 보라는 강한 메시지들을 받았다. 발달장애아 엄마들의 응원도 또한 넘쳐났다.

돌아가는 상황이 도무지 상상도 못한 것들이라 '아! 정녕 아팠던 고통의 시간을 뒤로 하고 내가 이렇게 살아도 되는 건가?'라는 질문을 매일 반복했다. 또 '이래도 되는 건가.'라는 생각을 가졌던 것 같다.

그러나 받은 사랑이 너무 커서 빼도 박도 할 수 없는 내가 되었다. 결국 감사히 기도하고 또 다짐하게 되는 순간에 이르게 된 것이다.

나로서는 "세상에 이런 일이!"나 다름없었다.

혼자 감당하기에는 절망과 아픔이 벅차도록 컸지만, 그 아픔을 보상받는 이 기분은 말로 표현할 수가 없을 만큼 기쁘고 감사했다.

너무나 큰 선물을 받은 나는 선물을 나눠주는 통로가 되기로 결심하고, 기쁜 마음으로 담대하게 방송 일을 시작할 수밖에 없었다. 이러한 응원과 가족의 지지 덕분에 지극히 작은 내가 결국 두렵고 떨리는 마음으로 마이크 앞에 설 수 있었다.

드디어 방송 첫 날!

시그널 뮤직이 흘렀다.

"안녕하세요. 〈예지맘의 괜찮아〉의 예지맘입니다. 〈예지맘의 괜찮아〉는 특별한 아이들, 발달 지연 발달장애인 아이를 키우는 엄마들을 위한 방송입니다. 〈예지맘의 괜찮아〉, 그 첫 번째 이야기, 시작합니다!"

마이크 앞에서 말이 터져 나왔고, 참 신기했다. 더듬이 초등학생처럼 심장이 두근두근하지도 않고, 손이 바들바들 떨리지도 않는 나였던 것이다.

어떠한 실체는 없지만 누군가가 나를 에워싸는 듯한 따뜻한 아우라의 느낌을 받았고, 심장 떨림도 없이 너무도 평화로웠다. 지극히 안정적이었다.

첫 방송이 무사히 끝났다. 내가 실수를 하고 안 하고가 중요한 것이 아니었다. 함께 한 분들과 PD, 작가님들은 내가 기존에 방송을 진행한 경력이 있는 것으로 생각했다고 했다. 이 말을 들으며 얼마나 신기했던지 두려움과 떨림이 없었고 불안하지도 않았다.

순간 누군가 나를 위해 기도한 분이 있다는 마음이 들었다. 방송 후 프로그램 게시판에 격려의 글이 쏟아졌고, 이분들의 중보기도로 내가 더 담대함을 누릴 수 있었다는 생각이 들었다. 결국 난 소천한 친정 엄마와 시아버지 생각에 엉엉 울고야 말았다. 이 두 분이 나를 믿는다고 마지막까지 얼마나 말씀을 하셨는지가 떠올랐다. 그 부담의 크기는 이루 말할 수 없지만 너무도 감사했다.

이 책에조차도 담기 힘든 내 어릴 적의 아픈 삶을 보상받는 것 같기도 했다.

참으로 바랄 수 없는 중에 이루어진 일이다. 그래서 이 일이 더 가치 있고 값지다는 생각을 하게 되었다.

이후 내가 조바심을 내지 않아도 저절로 출연자 섭외가 되고, 때로 어려움이 있어도 막바지에 녹음이 다 되기 전까지는 그 문제들이 바로바로 해결되어 방송을 할 수 있게 되었다. 그러다 결국 내가 방송 대본까지 직접 쓰는 일들도 있었다.

나를 위해 이 일을 한다는 그 어떠한 마음은 조금도 없었다. 라디오 진행은 결국 아이의 발달 지연, 성장과 육아로 경력이 단절된 내가 사회에서의 한 역할을 감당하며, 조금 더 성장하고 성숙할 수 있는 선한 방향이 제시된 길이었고, 나 자신의 이러한 성장 역시 발달장애인 가정의 아픔에 더 깊게 공감하고 나누는 과정에서 비롯되었다고 생각한다.

더 신기한 것은 이렇게 발달장애아 부모님들을 위한 특별한 방송을 진행한다는 이야기를 들은 브솔 복지재단에서 연락이 온 것이다. 방송 제작을 돕고 싶다는 것이었다. 발달장애인 자녀를 둔 부모들의 안녕을 위해 방송 사역을 함께 하는 방향으로 갔으면 좋겠다고 했다. 이 일로 방송 프로그램을 진행하는 데 필요한 관련된 모든 도움을 재능 기부 받아 운영할 수 있게 되었다. 〈예지맘의 괜찮아〉의 숨은 인력인 작가님들 역시도 발달장애인 아동을 둔 엄마들이다.

작게나마 재능 기부를 위해 시작한 이 일이 한 재단으로부터 재능 기부를 받으면서 만들어지고, 그 재단의 발달장애인 아이를 둔 엄마들과 예지가 다니던 대안 학교의 엄마들의 사연으로 방송이 기획되었다. 직면한 문제들이 나만 갖고 사는 고민이 아닌 발달장애인 아이들을 키우는 엄마들의 공통분모의 삶임을 소개하며 위로보다는 공감의 힘이 만들어졌다. 발달장애인들이 방송에 출연해 그들의 애환을 이야기하며, 살아온 삶과 살아갈 삶을 나누는 통로가 열리기 시작한 것이다.

예지가 치료 센터에 다닐 때, 아이의 수업 시간이 길어서 나는 그 시간에 자격증 공부를 했었다. 그 이유인즉슨 예지를 이해하기 위함도 있었지만, 재능 기부를 목표로 자격증을 따기 위한 목적이기도 했다.

그 과정에서 만난 귀한 인연이 있다. 프로그램에 함께 하는 조메리명희 교수님이다. 이분은 이제 〈예지맘의 괜찮아〉 프로그램에서 '그림책 이야기 소개'라고 하면 딱 떠오르는 분이 되셨다.

처음에 이 프로그램을 어떻게 꾸려야 할지 막막함이 앞섰던 때가 생각난다. 그럴 때 교수님께서는 늘 좋은 소재의 그림책을 소개해 주셨고, 난 그 테마에 맞춰서 대본을 쓸 수 있었다. 발달장애 아동을 양육하는 데 있어서 궁금한 것과 힘든 부분들에 대한 엄마들의 사연은 교수님의 해설을 통해 조리 있게 풀어나갈 수 있었고, 지금도 그림책으로 보는 육아 이야기는 계속 이어지고 있다.

얼마 전 방송*69회에서 다문화 가정의 발달장애인의 삶을 다뤘을 때에는 언어 지연에 대해서 참 명쾌한 방향을 제시해 주시기도 하셨다.

정말 매번 느끼는 것이지만 우리 아이들을 향한 완벽한 육아는 없다는 생각을 해 보게 된다. 왜냐하면 아이들마다 전부 얼굴의 생김새가 다르듯이 스타일도 다르고 성향도 모두 다 다르기 때문이다.

그래서 어쩌면 이런 이유로 우린 아이들의 몸짓 하나하나가 너무도 소중하며 귀하고 존중되어야 할 인격체라는 것, 나를 비롯한 우리 엄마들이 아이들의 마음이 어떤지 헤아리고, 아이들이 각각 타고난 모든 것을 인정하고 받아들여야 하는 것인지도 모른다. 당장 내 아이 예지를 나는 진정으로 하나의 인격체로서 대우를 하고 있는지 돌아보게 되는 계기가 되어주기도 했다.

이 방송을 통해서 나는 인생을 배우며 알아가고 있는 것이었다는 생각을 해 보게 된다. 만약 내가 두려워 이 일을 선택하지 않았다면, 지금의 내가 만들어질 수 있었을까도 동시에 생각하게 된다.

우리의 삶 속에 불안이나 두려움이 없을 수는 없다. 그 두려움이 나를 낮아지게도 한다. 그리고 그 한없이 낮아진 마음으로 기도를 할 수도 있다. 우린 매일 매 순간 선택의 기로에 서 있는 것이다.

내가 선택하는 것이 믿음 안에서, 선함으로 비롯된 일이라면 그 일에는 반드시 내 한계를 뛰어넘는 사랑이 싹튼다. 어느새 소망을 노래하게 되며 없던 희망, 새로운 꿈이 다시 생길 수 있다는 것을 난 내 삶의 이야기를 통해 알게 되었다.

• 다운증후군 재승 씨

방송에서 발달장애인의 삶을 다루며 내가 보지 못했던 것을 보게 되기도 한다. 발달장애인의 삶이 결코 슬프거나 불행하기만 한 절망적인 삶이 아니라는 것이다.

다운증후군인 재승 씨를 만났을 때가 방송 초창기였으니 벌써 오래 전의 만남이 되었다.

재승 씨는 학교 도서관에서 사서로 일하는 직장인이었다. 그는 유치원 원장 선생님이 되는 것이 꿈이라고 했다. 자신과 같은 일을 겪는 친구들을 돕는 삶을 살고 싶다는 것이었다. 할아버지 대에서부터 교육자 집안이었고, 그 가업을 이어가고 싶어 내 아버지가 살아온 그 길을 본받았다고 말하는 재승 씨의 훌륭한 인성이 드러나 보였고, 남들이 보기에 조금 부족한 모습과는 전혀 다르게 예의 바르고, 당당하고 담대한 모습이 멋졌다. 이성에 대한 관심도 다분할 그 나이 대에 맞는 청년의 모습도 볼 수 있어서 참 감사했다. 생동감이 넘치는 열정적이고 열심인 청년이며, 매일매일 수영도 하고 헬스도 하는 참 부지런하기까지 한 성실한 재승 씨의 일상이 참 보기가 좋았다.

그의 음성에 담겨진 그 마음은 진실했고, 자신의 꿈을 믿음으로 이야기하고 있었기에 그 모습은 너무도 아름다웠다.

난 눈물이 날 수밖에 없었다.

23살. 이 나이 때 난 오히려 꿈도 꿀 수 없었던 반면 재승 씨는 자신에게 처한 환경을 뛰어넘는 꿈을 꾸고 있었던 것이다. 훗날 예지에게도 이런 고백의 시간이 만들어질 수 있다면 참 좋겠다는 마음도 들어 더 울컥했던 것 같다.

장애를 가진 아이들이 맞닥뜨리게 될 자립의 문제가 두려워서 부모님들부터가 아이를 놓지 못한다. 나부터도 쉽지 않은 일이라 생각한다. 재승 씨의 부모님은 참 대단하셨다. 항상 아들을 믿어주는 부모님의 모습을 엿볼 수 있었다. 재승 씨가 어떤 일을 결정하든 존중하고 기다려 주셨다. 사실상 아이의 성장을 돕는 과정에서 다들 머리로는 알고 있지만 실제로 행동하며 실천하는 부모가 되기가 쉽지 않기 때문이다. 그 지지와 응원으로 이미 그룹 홈에서의 활동을 하고 있는 재승 씨의 모습은 성인이 되어서 자립의 길을 걸어야 하는 발달장애인에게 '할 수 있다! 해 볼 일이다!'라는 생각을 심어줄 수 있다고 생각한다. 어려운 상황에 있더라도 삶에 본이 되는 사람이 될 수 있고, 뜨거운 사랑의 마음으로 무언가에 도전하는 일이 절대적으로 가능하다는 것을 재승 씨는 나에게 말해 주었다.

일하는 것이 행복하다고 말하는 재승 씨가 일하는 즐거움을 잃어버리는 일은 없기를, 23살의 청년이 품은 위대한 꿈이 꼭 이뤄지길 소망해 본다.

지금 이 순간 눈앞에 그의 모습이 아른거린다.

＊재승씨 어머니의 편지

멋진 재승이에게

도서관에서 주어진 일 성실하게 일하고 있어서 정말 고맙고

그룹 홈 생활도 잘 적응해줘서 고마워

우리 집에서 엄마 가장 많이 도와주는 자칭 효자여서 고마워

지금까지 잘해왔고 하루하루 즐겁게 기쁘게 생활하길 바란다

가끔씩 놀라게 하는 일들이 일어나는데

일상적이지 않은 일들에 스스로 침착하게 대처하길 바라

너가 하고 싶은 결혼도 하고

책임을 지는 성인이 되려면

늘 배우고 익히는 자세 갖고 조금씩 성장해야 해

어렵고 힘들 때 참고 잘 견뎌내야 하는 힘도 가져야 하고

너의 원대한 꿈과 허세를 조금 내려놓아야 하고

아빠 엄마 재영이가 항상 너랑 함께 하고 힘이 되어줄게

항상 하나님께 감사하고

너의 직장 주변 선생님 목사님 학생들에게

감사하고 따뜻한 사람이 되길 바라

너랑 나랑 가장 많이 주고받는 딸

사랑해

엄마가

• 경계성발달장애인 청년 이한길 군(도전하는 한길이)

〈예지맘의 괜찮아〉 방송에서 나사렛대학교 재활자립학과 학생들의

어머니들을 모시고 아이들의 성장 스토리를 들을 때가 불현듯 생각이

난다. 발달장애인 자녀를 가진 엄마들에게 "우리 아이들도 할 수 있습니다!"라는 희망의 메시지를 전하는 방송이었다.

듣는 내내 그저 놀라웠다.

이제 아이를 초등학교에 보낸 나에게 이분들의 그간 살아온 모든 이야기들이 정말이지 적지 않은 충격으로 다가왔다. 우리 아이들도 성장하고 성숙할 수 있다는 희망의 메시지가 마음에 닿았고, 내 아이를 향하여 더 긍정적으로 생각할 수 있는 계기가 되어 주었다.

아이에게 교육이 되는 수업이라면 안 해 본 것이 없는 열혈 엄마부터 시작해 해준 것이 없다고 고백하는 엄마에 이르기까지 그 교육관도, 아이들을 가르친 방법도 참으로 천차만별이라는 말이 맞을 만큼 모두 달랐지만, 결정적으로 아이들이 고등학교 졸업 후 그 다음으로 들어간 곳은 나사렛대학교의 재활자립학과였다. 엄마들이 아이들을 어떤 방식으로 키우느냐가 중요한 게 아니라 엄마들과 아이들이 무엇을 결정하느냐에 따라 그가 있을 곳과 나아갈 방향도 결정된다는 사실이 직접적으로 느껴졌다. 또한 삶 속에서 항상 기도하며 나사렛대학교라는 곳을 선택하는 일에 주저함이 없었다. 이들은 도전했고, 그 도전들이 때로는 당연하게 때로는 감사하게 때로는 감격스럽게 이루어져 왔기에 엄마들의 표정은 경계성 발달장애인 아이들을 드디어 학교에 보냈다는 기쁨이 넘치는 모습이 한결같았다.

어머니들이 아이들과 울고 웃으며 함께한 러브스토리는 다양하고 다

채로웠다.

그래서일까. 이날 방송을 들은 청취자 분들에게도 너무나 특별한 시간이 되었던 듯하다.

방송 후 지인을 통해 한 어머님으로부터 메시지가 왔다. 아이를 데리고 너무 과한 치료를 진행했던 것 같아 이제 치료는 중단하려고 하던 중 아이와 어떻게 살아야 할지를 배웠다고 하셨다. 이러한 메시지를 전달받을 때 정말이지 방송을 하게 된 것에 감사하며 보람도 느낀다.

특히 이날 출연한 어머님들 중 한 엄마의 육아 스토리가 유독 나의 마음에 닿았다. 바로 재활자립학과의 과대표 엄마, 이한길 맘이었다.

이 어머니는 본인이 아이에게 딱히 아무것도 해준 게 없다고 하셨다. 하지만 겉으로는 아이에게 제일 많이 하신 분처럼 보였다. 그래서 내 머릿속에 '뭐지? 무엇을 해준 게 없다 하시는 거지?'라는 의문이 들었다.

이분은 정말 바쁜 직장 맘이었다. 그래서 늘 아이에게 시간을 할애해 함께 뭔가를 해 줄 수 없었다는 상황적인 형편을 말씀하신 것이었다. 여러 가지 일이 있었고, 수많은 시간을 돌고 돌아 기도의 자리에 나온 분이었다.

이한길 군은 사는 데에 아무런 의욕이 없었고, 자신은 그런 아들을 보며 그저 울기만 하던 엄마였다고 했다. 그러다 하던 일을 내려놓고 아이의 시선에 맞추어 한 걸음 한 걸음 내딛었다고 했다.

얼마 지나지 않아 경계성발달장애인 아이들로 구성된 창작 뮤지컬 팀

라하프 Lahaph가 결성되었다. *방송 39~40회

이 팀의 공연작 〈This is our story〉는 2016 국회대상 뮤지컬 부문에 선정되어 수상의 영광까지도 누렸다. 국내 최초로 일어난 일이라 뮤지컬 관계자들과 이들을 지켜본 대중들도 놀랐다. 그 기념으로 방송을 한 번 더 기획했을 때 한길 군은 자진해서 직접 방송에 출연했다. 방송에서 대본에도 없는 말을 담대하게 이어가며, 한길 군은 경계성발달장애인 아이들의 계속되는 성장 가능성을 언급했고, 뮤지컬을 통해 배우는 특별한 사회성과 극에서 맞는 역할을 통해 타인을 이해하는 범위가 넓어질 수 있다는 것을 소개했다.

이 날 이한길 군의 어머니는 엄청난 집중력을 발휘하며 어눌한 기색 없이 말을 잘 이어가는, 지금껏 볼 수 없었던 아들의 새로운 면을 보았다며 너무도 기뻐했고, 얼떨떨해 하기도 하셨다. 본인 아들이 아닌 것 같다고 말씀하실 정도로 한길 군은 정말 방송에서 다양한 모습을 보여준 것이다.

그 모습이 지금도 선하다. 나 역시도 이한길 군의 당당한 모습을 보며 내 아이를 향해서 지금 당장 내가 원하는 그 어떤 것을 하지 못한다 하더라도 군이 조급해 할 필요가 없다는 것을 깨닫게 되었다.

이 날 방송에서 제일 기억에 남은 것은 어머님들의 마지막 메시지들이었다. 발달장애인 아이들을 키우는 엄마들에게 힘을 실어주는 말씀을 나눠달라고 했다.

소라맘 : 교육은 멈춰지지 않는다. 1%의 가능성이 희망이다!

건형 맘 : 건형이는 주변에 중고등학생 아이를 둔 엄마들이 참 부러워한다. 초등학교 1학년 때까지 말을 못하던 아이였지만, 지금은 전혀 다른 모습이다. 엄마 아빠의 사랑스런 눈으로 아이들을 믿어주자!

한길맘 : 아이들에게는 언제나 가능성이 열려 있다는 것을 대학교에 와서 알 았다! 비로소 또래 친구들과 눈높이에 맞는 생활을 하는 아들을 보면서 전에는 보지 못한 새로운 면을 보게 되었다. 누워만 있던 내 아이에게 리더십이 있었고, 과대표까지 되었다는 것이 아직도 놀랍다!

　

자녀들을 23살 청년으로 길러내기까지의 모습과 성취감, 인내가 담긴 아름다운 결실을 맺은 것 같은 날을 나는 마주할 수 있었다.

방송을 통해 나는 조금씩 예지를 어떻게 키워야 하는지 배우고, 어떤 방향으로 인도해야 하는지 다시 새롭게 생각하는 계기를 만나, 아이를 위한 가장 좋은 길을 기도하기 시작했다.

　

난 이 날도 마무리 멘트를 이어갔다.

'행복역'이라는 좋은 글을 지인에게 받았었는데, 너무도 마음에 닿아서 청취자 분들과 공유하고 싶었다. 지금 이 책을 손에 든 독자 분들과도 공유하고 싶어 여기에 싣는다. *안만희 힐링칼럼

행복역

이번 정차 역은 미움역입니다.

모든 질투와 시기의 짐을 들고 내리시길 바랍니다.

다음 기차는 그리움으로 가는 열차입니다.

질투와 시기의 짐을 내려놓으신 분만 탑승하셔야

다음 역으로 출발합니다.

이번 정차 역은 그리움역입니다

보고픈 마음과 설레는 마음을 한아름 가지고 탑승하셔야

다음 역으로 출발합니다.

이번 역은 사랑역입니다.

배려와 믿음의 선물이 가득한 역입니다.

가져갈 수 있는 만큼 마음껏 가져가세요.

아무리 많이 가져가도 무겁지 않습니다.

선물을 챙기시는 분들만

행복역으로 가는 열차에 탑승하실 수 있습니다.

탑승하신 분들은 종착역인 행복역으로 출발입니다.

행복역에 가시면 다시는 미움역에 가실 수 없습니다.

시기와 질투의 짐을 버리고

보고픔과 설렘의 선물은 한 보따리 들고

다른 한쪽에 배려와 믿음의 선물을 들고 와야

행복역에 도착하실 수 있습니다.

여기는 행복역입니다

모든 님들이 행복역으로 오셔서 행복했으면 합니다.

〈예지맘의 괜찮아〉가 여러분들에게 행복역으로 가는 길에 있는 작은 쉼터가 될 수 있길 소망

하며 오늘 이야기 여기서 마칩니다.

• 발달장애인 자녀를 둔 엄마들의 모임

'브솔 부모 모임'이라는 것이 있다.

이 모임의 어머님들은 더는 혼자 숨어 슬퍼하며 울지 않는다. 왜냐하면 나에게 처한 현실의 상황을 해결해 줄 수 있는 사람을 찾지 않고, 믿음안에서 신앙 공동체를 새롭게 만났기 때문이다.

이분들은 서로 이렇게 말씀을 나누신다. 더 이상 절망의 길에서 지내기보다는 주위의 믿음, 소망, 사랑으로 살아가는 선배들의 조언에 귀를 기울이고 들을 수 있는 마음을 공동체 안에서 배우게 되었다고. 나 혼자가 아닌, 작게라도 함께 아픔과 기쁨을 나누고 어디서도 말하지 못하는 내 안의 어려움과 행복을 말할 수 있는 모임이 있어서 너무도 좋다고 말

이다.

우리네 인생이 참 많이 다른 듯 하면서도 또 비슷하다는 생각을 해 본다. 다들 직면한 상황을 버거워하고, 힘들어 하긴 마찬가지다. 그러나 이 상황에서 어떤 마음을 갖고 사느냐가 가장 큰 관건일 것이다.

이분들은 혼자서 지는 짐을 서로 나눠 갖고자 하는 마음으로 아이들을 통해 이곳에 모이셨다. 그런데 어느새 그 짐은 가벼워졌을 뿐 아니라 다른 사람의 짐도 지어줄 만큼의 여유까지 생긴 것이다. 이 모든 일은 믿음, 소망, 사랑, 이것 안에서 가능했다.

이렇게 슬픔도 기쁨도 나누며 사는 브솔 모임의 삶이 참 아름답게 여겨졌다. 앞으로도 더 많은 발달장애인 자녀를 둔 부모님들이 모이고 하나 되어 서로서로 마음을 나누는 공동체가 될 수 있었으면 하고 바라본다. 그래서 정말 도움이 필요한 다문화가정의 발달장애인들과 지역 사회의 소득이 적은 미혼모들의 아이들, 고아들까지 품을 수 있기를 소망해본다.

〈예지맘의 괜찮아〉는 브솔 복지재단에서 부모님들을 위해 진행했던 강의 주제를 가지고 어머님들의 질문과 함께 구성해서 방송을 진행할 수 있었다. 브솔 재단의 어머님들께서도 방송에 자원해 출연해 주셨고, 이에 대한 수많은 질문이 있을 때마다 정직하고 진실하게 답을 해 주시는 선생님들께서 흔쾌히 재능 기부 출연을 해주셨다. 그래서일까 그 의미가 참 남달랐다.

중앙기독초등학교 교사 신남현 님 등 정말 많은 선생님들께서 방송에 마음을 나눠주셨다. 정말이지 이런 발자취가 만들어질 것은 전혀 상상하지 못한 나였기에 너무도 감사할 따름이다. 이제 작은 마음이라도 전하고 싶어 이분들께서 발달장애인 자녀를 둔 부모님들에게 남긴 응원의 메시지를 담아 보려고 한다.

협동 육아 코디네이터 윤영해 님

: 자녀에 대한 부모의 신뢰가 중요합니다.

지금 제가 만나고 있고, 어제도 만났던 몇몇 어린 장애 아이들의 엄마들 얼굴이 떠올라요. 제가 두 자녀를 10년 동안 키웠고, 협동 육아 상황에서는 특별한 지원이 필요한 장애 아이들을 만나기도 하면서 느낀 것은, 지금 이 방송을 듣고 계신 여러분들은 생각보다 더 많은 일을 하실 수 있고 영향력이 있다는 사실이에요. 우리가 스스로 생각하는 것보다 말이에요.

자녀에게 가장 의미 있는 사람은 여러분들이에요. 부모님들이에요. 그들에게 정말로 필요한 것은 치료의 강도나 횟수보다 삶을 살아가면서 의미를 찾는 것인 것 같아요. 장애가 있든 없든 즐거움이 없는 삶이 죽음보다 못하잖아요. 살아가면서 맛볼 수 있는 기쁨은 자녀에 대한 신뢰에서 비롯됩니다.

"존재만으로도 너를 사랑하고 네가 이것을 못하더라도 나는 널 신뢰해. 네 안의 강점이 있을 것이고, 그럼으로 믿고 네가 존재한다는 것만으로도 기쁘다." 이렇게 자녀에게 말로 표현하는 일을 해주시면 그 자녀의 길은 행복할 것 같아요.

중앙기독초등학교 신남현 님

: 아이를 자세히 보셨으면 좋겠어요.

많은 프로그램에 참여시키기도 하시고, 누군가에게 위탁해서 뭔가를 하실 때 아이를 자세히 안 보시는 것 같아요. 그런 눈이 필요한데 아이에게 꼭 필요한 그 무엇인가가 있더라고요. 총을 발사하기 위해서 방아쇠가 있는 것처럼 그 방아쇠의 역할은 아이에게 있어요. 그런데 그것을 분주하기 때문에 아니 힘들기 때문에 안 보시고 못 보시는 경우가 있어요.

저라는 교사가 가진 장점은 그 방아쇠 역할을 하는 무엇인가를 아이에게서 발견할 수 있는 것이라고 생각해요. 이것이 또한 저에게 축복이었던 것 같고요. 그 방아쇠는 아이의 진보가 이뤄지게 할 수 있는 만큼 고통스러울 수도 있어요. 그래서 그것을 꼼꼼하게 보실 수 있으시길 바라요.

브솔 오케스트라 김좋은 님, 박정미 님

: 당신은 참 괜찮은 엄마입니다!

브솔 일을 진행하면서 보다 가까이서 우리 어머님들의 삶을 나누었죠. 일년 365일, 밤이나 낮이나 바쁘고 힘든 것을 보았습니다.

어제보다 오늘, 오늘보다 내일 더 괜찮을 거예요.

당신은 참 괜찮은 엄마입니다!

우리 아이들이 이 세상을 살아가는 데 우리 모두가 함께 돕는 사회가 되도

록 함께 기도합니다. 엄마들의 노고를 위로하시고 마음에 평안이 넘치시
길 함께 기도합니다.

헬로쌤 오케스트라 이상민 님

: 아이들을 기도하며 축복해 주자.

아이들이 오히려 저의 마음을 가르치고 많은 위로를 받게 되는 것 같아요.

그리고 이 모든 과정에서 아이들은 제게 가족이 되었습니다.

제가 키우지는 않아서 아이들과 항상 같이 있는 어머님들만큼 힘들지는

않겠지만, 저는 어머님들을 통해 사랑이라는 것을 보게 되었어요. 그것은

늘 아이들과 함께하며 기도하고 눈물 흘리시는 모습이었습니다.

무엇보다도 저는 발달장애인 아이들을 볼 때마다 아이들과 함께하는 시

간이 축복이라 느꼈습니다.

혼자라고 느끼지 마세요.

주변에 선생님들과 기도하는 분들이 있습니다.

브솔 수영 드림팀 코치 박준우 님

: 품 안에 자식은 없는 것으로 생각할 필요가 있습니다.

발달 장애나 다른 장애를 가진 아이를 둔 어머님들께 당부를 드리고 싶은

말씀이 있어요.

"아무래도 우리가 소위 말하는 품 안에 자식은 안 하는 게 좋겠다!"라고요.

물론 다를 순 있겠지만 현장에서 저희가 운동을 지도하다 보면 항상 어머

님들은 '우리 아이가 부족한 게 아닐까? 더 챙겨줘야 하는 것은 아닐까?'와 같이 챙겨줘야 한다는 마음을 갖고 계셔서 우려와 걱정을 끊임없이 하시죠.

그런데 막상 현장에서 아이와 소통하면서 운동을 하다 보면 생각보다 너무 잘하고, 서로 자기가 하려는 부분도 생긴답니다. 부모님이 전적으로 아이들의 손과 발이 되어주기보다는 길잡이 역할만 해준다면 저희 드림팀이 원하는 것처럼 아이들이 사회에 나가서 더 빨리 적응하고 자기 스스로의 모습을 찾지 않을까 싶습니다.

사물놀이 지미경 님

: 아이를 통해서 받으실 기쁨과 평안과 감사가 있으실 거예요.

나누며 사세요.

어머님들 생각하면 늘 마음이 아파요. 정말 우리가 책에서만 봤던 그 한 문장을 제가 실제로 화장실에서 한 어머님을 만났을 때 들었어요.

"선생님. 제가 저의 아이보다 하루만 더 살 수 있을까요?"

그 말씀을 하셨을 때 어머님들이 큰 어려움 속에 있는 것을 느낄 수 있었고요.

어머님들, 힘내시길 바랍니다.

지금은 우리에게 주어진 시간, 그 시간이 힘들어서 잘 못 느끼실 수도 있지만, 자녀를 통하여 받으실 수 있는, 세상이 알지 못하는 기쁨과 평안과 감사가 있으실 겁니다.

그런 것을 느끼며 누려서 살 수 있기를, 어머님들도 평안하고 행복해질 수 있기를 진심으로 바라고요.

힘들고 어려울 때 주변에 함께 하시는 어머님들과 나누시고 그리고 또 이렇게 가르침을 줄 수 있는 선생님들과도 나누시고, 이렇게 서로 나누시면서 삶을 살 수 있기를요.

사랑하고 축복합니다.

언어치료사 정일영 님

: 용기 내세요! 아이들은 희망입니다!

정말 우리 아이들은 세상 속에 소망을 주는 천사들과 같은 아이들이라 저는 생각합니다. 우리 아이들을 통해 일어날 일들을 기대하며, 오늘도 용기 내시고 희망을 잃지 않기를 바랍니다.

물리치료사 신 선생님

: 우리 아이들이 행복하게 살아갈 수 있도록 기도합니다.

아이들이 행복하게 살기를 바라는 것은 모든 부모의 마음일 거예요.

지금 아이들을 위해서 그 누구보다 정말 많이 애쓰고 계시는 부모님께 정말 감사드리면서 또한 힘내시라고 응원의 메시지 보내고 싶고요.

저 역시도 아이들이 행복하게 살아갈 수 있도록 여러 부분을 생각하고 기도하며 돕는 사람이 되도록 노력하겠습니다.

특수학교 교사 김유라 님

: 아이들은 느리지만 변합니다. 성장합니다!

어머님들 학교에 아이들 보내시잖아요.

비단 학교 교사들뿐 아니라 치료사 선생님도 만나시고, 아이를 담당하는 실무사 선생님도 만나시고 또 활동 보조원도 만나시고요. 아마 이 모든 선생님께 만족하시는 어머님들은 안 계실 거라 생각해요.

상담을 하다 보면 이렇게 말씀하시는 어머님들이 계세요.

"2년 전 선생님은 별로였고, 작년 담임은 너무 좋았다. 작년 담임선생님 덕분에 우리 아이가 화장실 신변 처리를 성공했다."

제가 알기로 신변 처리 교육은 2년 전 담임선생님이 정말 열심히 하셨거든요. 그런데 그 교수 효과가 아이가 준비가 완료되는 1, 2년 뒤에 나타날 수 있어요.

아이의 즉각적인 변화에 일희일비하지 않으셨으면 해요.

내 아이가 느리지만 반드시 변할 것을 꼭 믿으셨으면 좋겠어요.

그리고 또 한 가지 말씀드리고 싶은 건 아이가 반드시 성인이 될 거라는 것, 그걸 꼭 기억하셨으면 좋겠어요.

엄마의 눈에는 다 커도 아가지만, 사회에서 생활하기 위해서는 성인이 되었을 때 에티켓을 지켜야 한다는 것, 그래야 취업도 가능하고 어디서든 당당하게 생활할 수 있다는 것을 알게 해야 해요.

너무 보듬어 키우시기보다는 가정에서도 역할 분담할 수 있게 해주시고, 독립성을 갖도록 장기적인 계획을 세우셨으면 좋겠어요.

그리고 〈예지맘의 괜찮아〉 시즌 1을 마감하며 맘스라디오 스태프인 PD 정민혜, 최병진 님, 브솔 복지재단의 PD 이현 님, 작가 홍은미 님과 2017년 4월에 새롭게 합류한 작가 이설희 님, 방송 제작을 위해 힘써 준 특별한 사랑에서 비롯된 열정과 나눔에 진심으로 감사합니다.

매 회 나와 주시는 선생님들을 뵈면서 정말 배우고 또 배우게 됩니다.

• 희귀난치병 아이들과 함께

해원이는 희귀난치병을 앓다가 먼저 세상을 떠난 친언니보다는 건강했다. 그런데 이 치료 과정에서 해원이네 식구들은 뿔뿔이 흩어져야만 하는 일을 겪는다. 먼저 해원이의 아빠가 집을 나갔고, 해원이 엄마는 해원이를 혼자 양육해야만 했다. 해원이 언니가 떠난 그 자리에 이번에는 해원이에게 희귀난치병이 발병했고, 병원 생활과 수술, 치료를 해야만 했다.

사단법인 토기장이 직원 분의 SNS로부터 해원이의 이야기를 전해들었다.

어떻게 이런 일이. 무엇 때문에 이 가정에.

이 사연을 읽는 내내 눈물이 났고, 너무나도 나의 마음을 아프게 했다. 이 가정의 안녕을 위하여 난 기도를 하기 시작했고, 그 과정에서 결국 〈예지맘의 괜찮아〉 프로그램 안에 하나의 코너를 만들어 낸 일이 생겼다.

후원을 위한 코너를 마련하고자 한다는 이야기를 전해들으시고는 너무도 감사하게 토기장이에서 흔쾌히 도움을 주셨다. 해원이의 자료를 녹취한 인터뷰 내용을 해원이 엄마의 승낙을 받고 넘치도록 보내주신 것이다.

간절한 기도와 함께 해원이네의 사연이 마이크를 통해 전해졌다. 오늘의 나의 아픔이 나만 겪는 것은 아니라 우리네의 이야기이며, 함께 나눌 수 있는 내 이웃이 있다는 메시지를 전하고 싶었다. 이날 방송에 함께 한 선생님께서는 마음에 감동이 크다고 말씀을 주셨고, 방송 후 청취자 분들께도 좋은 피드백을 듣는, 기대하지 않은 일까지 이뤄져서 참으로 기뻤다.

녹음이 끝나고 집으로 돌아오는 길에서 나는 눈물이 날 수밖에 없었다. 발달장애인을 자녀로 둔 엄마들에게도 그들의 삶에 위로가 되기를 소망했기 때문이다.

성경 말씀에 이런 말씀이 있다.

"지극히 작은 자에게 한 것이 곧 나에게 한 것이니라."

난 어느덧 이 말씀이 삶에서 이뤄짐을 믿는다는 기도를 하게 되었다. 이 시점에 정말 지극히 작은 자, 이 사회에서 도움이 필요한 약자들의 사연이 나에게 넘치게 밀려들어왔다.

예지가 발달장애인의 삶을 살게 되면서 나는 내 아이보다 더 아픈 아이들을 만났다.

이 아이들을 처음 만났을 때에는 '아픈 아이들이다.'라는 생각을 했지만, 무엇보다도 이 아이들의 삶에 생명의 소중함이 묻어나 있는 것을 보게 되었다. 아이들과의 교감을 통해서 아이들에게 참된 소망이 있고 희망적이라는 생각이 들었고, 희귀난치병 아동을 향한 나의 선입견이 변해가는 것을 목도하게도 되었다.

그렇다.

나의 첫 NGO 봉사의 시작을 열어준 여울돌과의 인연은 각별했다.

친정 엄마가 세상을 떠난 후 남겨진 엄마의 물건은 다 내 것이 되었다. 그러나 난 엄마의 소중한 물건들, 엄마가 귀하게 아끼던 것들을 나를 위해 쓰고 싶지는 않았다. 그 소중한 유품을 더 의미 있는 일에 사용하는 것이 맞겠다는 생각이 들었다.

시기적절하게도 살던 집을 갑작스럽게 팔고 이사해야 하는 상황에서 집을 정리하는 가운데 똑같은 물건이 10개나 있었다는 것을 발견했다. 넘치도록 많은 우리 집 살림살이들이었다. 그 물건들을 보면서 '아홉 개를 나누면 아홉 가정이 쓸 수 있다.'는 생각이 스쳤다.

그래서 기도를 하면서 마음에 닿는 대로 모든 상황에 순응했다.

어느 곳에서 바자회를 하는 것이 딱 알맞을지 고민을 하던 와중에 알아본 곳은 김포의 카페커넥션이라는 교회였다.

그곳에서 발달장애인 아동을 둔 엄마들과 합력해 '선물'이라는 타이틀로 바자회를 개최하게 되었다.

정해진 판매 금액은 없었지만, 바자회는 성황리에 진행되었다. 마음의 금액! 물건을 보고, 구매자의 마음에 닿는 만큼의 금액을 내고 기부하는 것이었다.

그런데 정작 바자회에서 얻어지는 이 수익금을 어디로 보내야 할지가 정해져 있지 않았다. 그러나 나는 걱정하지 않았다. 기다리면 될 것 같다는 마음이 들어 나의 의지를 내세워 일부러 기부처를 찾지 않고 정말 기다렸다.

기도하며 기다린 결과 지인인 박은총 씨 어머님의 제안으로 여울돌을 소개받게 되었다. 여울돌은 희귀난치병 환우 가정을 비영리 목적으로 후원하는 NGO 단체였다. 이로 인해 모인 기금은 커넥션의 선교비와 함께 여울돌에 소속된 환우 가정을 위해 쓰이게 되었다. 물론 마음의 금액으로 진행된 바자회였기에 큰 수익을 기대할 순 없었지만, 이 바자회는 그보다 더 놀라운 일이 펼쳐지기 위해 준비되는 하나의 과정이었다.

그 놀라운 일은 예지를 임신했을 때 그렸던 그림들이 그 당시에 기도한 대로 정말 다양한 분야의 각계각층 분들에게 선물로 전해졌다는 것과 여울돌을 한 번 후원하는 일로 그친 것이 아닌 스태프가 되어 지금도 여울돌의 환우 가정을 위해 내가 마음을 함께하며 봉사를 하고 있다는 것이다.

돌이켜 내 삶을 되짚어 본다면 참 우연은 없고, 감사하고 재미있는 삶이다 싶다.

어려움이 있어도 그 어려움이 늘 언제나 선하게 풀어지는 것을 보게되어 하루하루 감동과 감격을 할 수밖에 없다.

'선물'이라는 바자회를 통해서 친정 엄마가 남기고 간 유품이 많은 사람에게 진짜 유익한 선물이 되는 그 모습을 바라보며 나는 그저 감사했고 눈물을 멈추기 어려웠고 참 기뻤다.

그리고 하늘에 계신 시아버지와 내 어머니께서도 기쁘셨기를 기도했다.

여울돌은 이름부터 나에게 특별하게 다가왔다.

박봉진 대표님과의 첫 만남은 여러 감정의 소용돌이가 있어서인지 잊히지 않는다. 그 감정의 소용돌이는 대표님의 건강 상태에 대해서 들었을 때 휘몰아쳤다. 희귀난치병 아이들처럼 재활 치료를 하는 것은 아니지만, 대표님 자신에게도 점점 시력을 잃어가며 시야가 좁아지다가 눈이 실명이 되는 병이 있다는 것이었다.

아이들을 도움으로써 그 특별한 긍휼 안에서 본인의 아픔을, 스스로를 치유하고 있다는 생각이 들었다. 정말 보기 힘든 자신의 생명을 건 사명자이자 기독교에서 말하는 십자가의 사랑의 의미에 걸맞은 삶을 살고 계시는 인물이라는 마음이 들었다. 작은 체구의 선한 마음에서 뿜는 열정의 에너지는 나로 하여금 나 자신을 다시금 돌아보게 하는 계기가 되었다.

난 이 날 이 만남에서 대표님께 이런 말을 건넸다.

"많은 사람들이 볼 수 있는 봉사를 한다는 생각이 듭니다. 물론 행사를 하나 함에 있어서 봉사자들도 스태프도 많이 필요하겠죠. 그러나 이건 누구나 다 하는 것이잖아요. 저는 여울돌의 환우 가정 안으로 들어가 그들의 짐을 들어주고 싶어요! 차가 필요하면 기사라도 할게요."

대표님은 지금 이와 같은 도움이 필요한 가정이 있다며, 흔쾌히 바로 소개해 주시고 연결을 해주셨다.

여울돌 홈페이지에 나는 어느덧 '여움이(여울돌 환우 가정의 도우미)'라는 이름으로 소개가 되어 있다.

참 신기했다. 어쩌다가 내가 여기까지 왔는지.

그러나 누군가에게 조금이라도 도움이 되는 삶을 살 수 있다는 마음에 너무도 기뻤다.

사람들은 그랬다. 왜 그런 힘든 일을 자초해서 하느냐고, 안 해도 삶에 딱히 지장이 없는데 집안일도 많고 쉬고 싶지 않느냐고.

그러나 난 쉴 수 있는 길을 봉사를 통해서 하기로 마음먹었었다. 예지는 당시 초등학교 1학년 과정의 대안 학교를 다니고 있었다. 수업 시간이 무려 오전 10시부터 늦은 오후인 4시 45분까지였기에 이때만 해도 나에게 아이를 등교시킨 후에 시간이 참 많았다. 그래서 또 이 일이 가능했다. 작게나마 여울돌 환우 가정의 안녕을 위해 이 단체를 돕는 봉사라는 일도 할 수 있게 되었다.

그리고 생각지도 못하게 이 당시 여울돌의 한 부분의 역할을 담당하는 대외협력팀장이라는 명함이 생기고, 환우 가정의 쉼을 통한 회복을 기도하며 찬양 콘서트 행사 〈눈물꽃〉의 스태프 일과 맘스라디오의 〈예지맘의 괜찮아〉 MC까지 동시에 진행할 수 있었던 것이다.

어쩌다 이런 생각지도 못한 일들은 너무나도 갑작스레 다가오는지. 감당할 수 있는 만큼이었다고는 말할 수 없었다. 그런데 시간이 흐르니 모든 것은 기도 안에서 감당된 것이었다. 그 기도는 "나는 할 수 없습니다! 그러나 나를 지으신 당신의 뜻에 이 과정이 함께하는 것이라면 하겠습니다!"였고, 자연스럽게 또 즐겁게 역할을 나눠서 할 수 있게 되었다.

'해냈다'라는 표현보다는 '해낼 수 있도록 좋은 길로 인도되었다'라고 생각한다.

수도 없이

나는 할 수 없다 말했다

나는 못한다 말했다

그런데

어느 날 그 할 수 없었던

그 일을

감격하며 기쁘게

맞이하는 날 본다

그런데

아이가

할 수 없다 말한다

나

못한다고

고개를 젓는다

이 때

난

나와 같은 모습을 본다

세상을 향해 두려운 모습을

그런 아이를 향해

나는 말한다

무섭니?

그래

엄마도

무서워

그런데

할 수 있어, 괜찮아

괜찮음을

믿어라!

이것이

순리이니

그리고

이 순간

이 말이

다시 내 귓가에 맴돈다

오늘

내가

내게

말한다

무서워하지

말아라

할 수 있다는 것을 믿어라!

제발!

네 아이의 선택을 믿어라!

내가 널 기다렸듯이

네가 이제 네 아이의 선택을

기다려라

그리고

신뢰하라

반드시

지극히 작은 것을

깨닫는 날이 올 것이니

아이를 위한 기도

(주)마음새

아이의 기도

(주)마음새

엄마는 날 봅니다

그리고

내게 오늘도 묻지요

넌 어떤 꽃이 좋니?

·

·

·

웃음

꽃

내가

좋아하는

꽃

엄마의

웃음꽃

배우는 엄마 & 배우는 아이

| **변화된 삶** |

얼어 있는 세상에 속한 모든 생각들을 녹여버릴 수 있음을
변화되는 그 순간

독한 엄마는
서두르지 않는다

요즘 자녀 교육서에서는 아이의 자존감 상승을 위해 "기다리는 부모"를 강조한다. 심지어 "독한 엄마는 기다린다."는 문구도 있다.

그런데 '독한 엄마'의 이미지와 '기다린다'의 정의가 약간 모호했다. 나에게 이 상황을 대입해 보았다. 난 어느 누가 보아도 독한 엄마가 아니라는 쪽이었다.

다른 사람은 나를 어떻게 보는지 알고 싶어서 남편에게 물었다.

"여보, 나는 독한 엄마야?"

남편의 입장에서는 뜬금없는 질문이었을 텐데, 답변을 참 센스 있게 했다.

"당신은 절대 독하지 않지. 독하긴 무슨! 정말 연약하고 여리지. 여린 엄마지."

연약하고 여리다는 이 두 단어가 내 마음을 아주 깊게 움직이게 했다.

왜냐하면 어떻게 하면 예지가 본인의 행동을 스스로 깨닫게 하면서 좋은 행동을 지닐 수 있도록 도울 수 있을까 항상 고민했기 때문이었다. 독한 엄마가 서두르지 않는 것과 여린 엄마가 서두르지 않는 것은 결국 같다는 것을 알았다.

이는 결국 엄마들의 기질의 차이였다.

그러니까 엄마들이 이런 타이틀 때문에 다른 엄마들에게 비교 의식을 느끼지 않아도 된다는 말이다. 내 아이의 기질이 그 또래 아이들과 완전 다르듯이 엄마들의 기질도 다 다르다는 것은 물론 딱 보면 나오는 결과다. 이제 이 뜻을 풀어갈 수 있겠다 싶었다.

나를 비롯한 엄마들은 "독한 엄마는 아무나 하나."라는 말들을 한다.

그렇다. 자식을 교육할 때 독한 엄마여야만 한다고 생각하는 경향이 있다. 독한 엄마의 상을 떠올렸을 때 백이면 백, 다 다른 이미지를 떠올릴 텐데도 진정한 독한 엄마는 아이가 스스로 선택한 것의 결과를 기다릴 수 있으면 된다는 것으로 끝을 내 버린 것이다. 그랬기에 혼란스럽고 답답하고, '나는 안 되는 일인데 왜 이렇게 강요들만 하나.'와 같은 생각들을 가질 수밖에 없었던 것이다.

우리는 속으로 생각한다. '내가 할 수 있는 일을 얘기해 주면 얼마나 좋겠느냐고!'

그러나 분명 책이나 방송에서 조언을 보고 듣기에는 너무 좋고, 그러한 사실을 머리로는 이해하지만 나는 실제 내 삶이나 아이에게는 적용이 안 되는 일들을 계속 반복하고 있었다.

남편의 명쾌한 대답이 '기다린다'의 의미를 다시 풀어갈 수 있게 해 주었다.

아주 간단했다.

내 아이의 기질에 맞는 바로 그 방법을 기준 삼아 그대로 내 아이에게 다시 적용하는 일이었던 것이다!

한국에니어그램교육연구소에서 창안한 한국형에니어그램 성격유형검사_{KEPTI}에 나의 성격 찾기 검사가 있다.

한국 문화에 적합한 한국형에니어그램 성격유형검사지는 윤운성 교수에 의해 엄격한 표준화 과정을 거쳐 2001년부터 사용되고 있으며, 검사 해석의 전문성 및 검사 사용의 윤리성을 유지하기 위하여 사용자를 위한 전문 교육이 제공되고 있다. 따라서 사람들에 의해 검사와 해석이 이루어짐으로써 검사의 신뢰도를 높일 수 있다. 한국형에니어그램 검사는 한국 문화적 타당도와 신뢰도가 높은 표준화 검사이다. 사람들이 느끼고 생각하고 행동하는 유형은 9가지로 분류할 수 있으며, 이 중 하나의 유형에 속할 수 있다고 설명하는 행동과학이다.

'에니어그램'이란 말은 그리스어의 '아홉'이란 단어와 '도형'이란 단어의 조합이며, 기원전 2500년경부터 중동 지방에서 유래한 고대의 지혜로 알려져 있다. 에니어그램에는 9가지 유형이 있고, 각각 독특한 사고방식, 감정, 행동을 표현하며, 서로 다른 발달행로와 연결된다.

1 Type 개혁가 : 완벽함을 추구하는 사람

2 Type 조력가 : 타인에게 도움을 주려는 사람

3 Type 성취자 : 성공을 추구하는 사람

출처 : (주) 한국에니어그램교육연구소

4 Type 예술가 : 특별한 존재를 지향하는 사람

5 Type 사색가 : 지식을 얻어 관찰하는 사람

6 Type 충성가 : 안전을 추구하고 충실한 사람

7 Type 낙천가 : 즐거움을 추구하고 계획하는 사람

8 Type 지도자 : 강함을 추구하고 주장이 강한 사람

9 Type 중재자 : 조화와 평화를 바라는 사람

이 글을 접한 나는 바로 이것이다 싶었다.

내 아이를 진정으로 인정하고 받아들이려면 부모가 자신의 성격, 그의 내면화된 기질도 알아야 하겠지만, 자녀의 타고난 기질을 알 수 있으면 아이를 더 잘 이해할 수 있지 않을까 싶었다. 안타깝게도 발달 지연 아동 및 장애인 아동의 경우 어느 정도 성인 연령이 되기 전에는 발달 정도가 다르기도 하여 아직은 이 검사가 쉽지는 않다고 한다. 하지만 부모는 본인의 검사를 통해서 아이의 기질을 견주어 파악할 수 있다고 본다.

또 아이의 표현력을 잘 관찰하면 아이의 기질을 알 수 있다는 것을 깨달았다. 아빠 붕어빵, 엄마 붕어빵이라는 말이 있는 것처럼 아이는 낳아준 부모도 닮지만, 할머니나 할아버지의 기질까지도 어느 정도는 흡수하고 보고 들으며 새로운 성격을 만들어 가기도 한다는 점이다. 무엇을 깨닫는지에 따라서 삶의 방향이 바뀐다는 것이다.

어쩌면 이런 검사가 부모로서 내가 느끼는, 특히 엄마들이 느끼는 죄의식의 고통, 나 때문에 내 아이가 이렇게 된 거라는 생각에서 벗어나게 하는 계기가 될 수 있을지도 모른다는 생각도 가져본다.

가족 간의 잦은 갈등과 또한 나도 모르는 내면의 나의 모습을 살펴보았기에 이 검사를 통해서 실질적으로 자신의 자아를 새롭고 긍정적인 방향으로 설계할 수 있게 되고, 자기 성격에 알맞는 과업을 제시받는 이들도 정말 많다고 들었다.

나 역시도 상담 심리를 공부하면서 이 분야를 배우는 과정에서 우리 가족도 갈등 가족 중에 속해 있었다는 것을 알게 되었다.

가족이기에 때론 사랑이 강요되기도 한다. 사랑으로 하나 되어야 한다고, 서로가 참 소중하다고 말하지만, 알고 보면 사랑하니까 나를 무조건 이해해줘야 한다는 마음들을 품고 살아간다는 것이다. 실은 이 마음이 나의 마음이었다는 것을 예지의 성장 과정에서 그리고 나의 12년차 결혼 생활의 선상에서 알게 되었다. 그저 서로 조금 더 자기의 입장에서 이해해 주기를 원하고 있었다.

진정한 헤아림이 있기는커녕 감정이 상했다는 이유로 서로 마음에 없는 말을 하고, 때론 내가 뱉어내는 말이 분명 상처를 준다는 것을 알고 있으면서도 방어 기제로 사용하고 있는 것이다. 그리고 이렇게 말한다.

"당신이 나한테 어떻게 그런 말을 할 수 있어?"

이러한 일들이 반복되는데 어찌 부부의 관계와 부모 자식 간의 관계, 고부관계가 좋아질 수 있게 된다는 말인가. 갑작스럽게 좋아지기란 정말 쉽지 않은 일일 것이다.

얼마 전 시어머니 생애 최초로 에니어그램 성격 검사가 이루어졌었다.

내가 속한 재능 기부 단체 중 뉴월드드림에 이 프로그램에 대한 교육이 있었던 덕분이었다. 예지 할머니의 성향에 알맞는 실제적인 피드백도 있었다. 시어머니의 경우 늘 안정적인 상황을 너무나 원하고, 공격에 저항할 힘이 전혀 없는 상태였다. 그리고 놀라운 사실 중 하나가 드러났다. 역할적으로는 중재자의 성향이 크게 드러났다는 것이다.

이 결과를 알게 된 나는 그동안 이해하지 못했던 예지 할머니, 시어머니의 모습을 차근차근히 되짚어 볼 수 있었고, 작게나마 이해할 수 있게 되었다.

'진작 이런 사실을 알았다면 가족과 주변 사람들에게 날 이해해 달라며 작게라도 상처를 주는 언행을 하지 않았을 텐데.'라는 생각을 하게 된 너무도 좋은 계기였다. 또 동시에 예지의 내면을 깊이 있게 바라볼 수 있게 돕는 도구가 되어 주었다.

관계란 결국 서로가 서로를 사랑의 마음으로 생각하며 바라볼 때 헤아림이 지속되어 상처 주는 일 없이 원활할 수 있다. 하지만 때때로 상황 속에서 뭔지 모를 성격 차이로 한계점에 부딪히는 것을 느낀다. 심지어 많은 부부들은 성격이 안 맞아서 이혼을 한다고도 말한다.

그렇지만 이와 같은 검사는 관계를 더 원만하게 돕는 역할의 일면을 담당할 수 있다고 생각한다. 이런 검사들을 잘 활용하여 나와 내 아이한테도 적용해 나와 아이의 또 다른 점을 빨리 찾을 수 있다면 폭넓은 이해를 가질 수 있을 것이다.

발달 장애여서 어린 것이 아니다. 그저 같은 듯하면서도 다른 또 한 면이 있을 뿐이다. 무엇이 원인이었든 어떤 과정이 있었든 간에 이미 내 아이가 어떠한 성격, 어떠한 기질이 있다면 그것을 인정하며 관계를 서로 조율하며 살아야 한다. 그럴 수 있을 때 무언가를 이뤄내는 것보다 더욱 더 값지고 성숙된 인생을 살 수 있을 것이라 본다.

독한 엄마는 어디에도 없다.

그저 여자로 태어나, 어쩌다 엄마가 되었지만 성숙한 엄마가 되기까지 사는, 살아내는 것이다.

만족!

결국, 자아실현을 위해 꿈을 꾸는 것이 아닌가.

내가 무엇을 했다는 것에 대한 만족감 가운데 갖게 되는 긍지, 자긍심을 느끼기 위해 우리들이 애쓰며 살듯이 내 아이 역시도 그저 그 만족을 위해 하루를 보내고 있는 것이다. 부모인 우리가 보기에 아이의 행동이 어수룩하고 둔하고 모자라 보여도 알고 보면 어엿한 사회인으로서 하루를 사는 우리의 모습과 별반 다를 것이 없다는 것도 느낀다.

성경에 이런 말씀이 있다.

"네게 있는 은혜가 족하도다!"

이 말씀을 정말 100% 믿기에는 참 어리석은 듯 보일 수 있고, 지금의 현실과 맞지 않는 일도 일어날 수 있다. 믿는 순간 상황이 바로 변화되지는 않기 때문이다.

그러나 일단 믿으면 그 믿는 순간부터 나에게 주어지는 삶은 내 양심의 소리에 귀를 기울이게 되고, 뭔가가 더 필요한 삶이 아닌 은혜가 족한 삶으로 바뀐다. 또한 이 시작점이 내 삶의 하루를 대하는 태도를 바꾼다. 이미 내게 있는 모든 것이 족하니 무엇으로부터 누구에게 받기보다는 줄 수 있는 사람이 되는 것이다.

내게 들려오는 말을 내가 믿는 그 시작점부터 내 안의 생각의 변화를 입음으로 오늘도 나는 내게 주어지는 모든 과업을 통해 나 자신과 또 내 아이를 곁에서 바로 보며 독한 엄마가 아님을 기도로 고백한다. 내게 있는 은혜가 족한 삶을 살 수 있게 된 것에 감사하다.

지금

들리세요

당신의

마음

깊숙이

울려

퍼지는

작은

음성이

네게 있는 은혜가 이미 네게 족하도다

아이를 위한 기도

(주)마음새

엄마가 되어
또다른 방향을 배운다

나는 예지가 세상과 직면하는 모습을 보면서 예지의 두려움 속에서 나의 모습을 보았다. 가족 중에 유독 나만 트라우마도 많고 위축된 삶을 살았다고 생각했기에 더더욱 그랬다. 그런데 남편도 이와 같기는 마찬 가지였다는 것을 예지가 자폐성발달지연 판정을 받고 나서야 비로소 알게 되었다.

남편의 어린 시절 발달 상황을 들어보면 운동 신경이 좋아 종목별로 운동은 잘했지만 말이 늦었다고 한다. 다른 사람과 눈을 마주치기 어려워 내사시처럼 보였고 TV를 볼 때는 아예 초점이 안 맞아 눈을 흘기며 화면을 봐야만 했었다고 한다. 그 때문에 사람들과의 상호작용과 그에 따른 표현력이 조금은 약한 아이었다.

지금 시대에서 언뜻 보면 발달 지연에 가까운 모습이다.

처음 보는 사람을 만나면 늘 어색해 했고 어떻게 대화를 이어가야 할지를 몰랐다고 한다. 그런데 오히려 동네 어른들에게는 그렇게 깍듯하게 인사를 잘 했다고 한다. 얼마나 좋았겠는가. 어른들에게 "아. 이 녀석 참 인사도 잘 하네."라는 말도 들었을 것이고, 머리도 쓰다듬어 주시는 등 어른들로 하여금 정말 좋은 피드백을 받은 효과가 지금의 남편을 만든 게 아닌가 생각한다.

좋은 피드백이 사람을 보면 늘 어려움을 겪었던 아이에게 작은 용기를 준 것이다. 당연히 인사를 잘하고 다닐 수밖에 없는 아이가 된 것이다.

좋은 습관은 어찌 보면 좋은 피드백 안에서 이루어질 수 있는 게 아닐까.

어린 아이의 인정 욕구의 상승은 이렇게 작은 일로 시작되는 것 같다. 이 작은 일은 '나도 한번 해 볼까.'라는 용기를 일으킨다. 하지만 우리의 상황에 어찌 이런 일들만 있겠는가. 이렇게 좋은 피드백을 받을 때도 있고, 또 한순간 완전 반대되는 피드백을 받을 때도 있다.

"이 녀석, 너는 뭐가 되려고 이렇게 공부에는 관심이 없니. 성적이 이게 뭐야?"

이런 말이 들릴 때 나의 경우에는 공부를 포기했다면, 남편은 이 말이 듣기 싫어서 열심히 공부했다고 한다. 이렇게만 보면 나와 정말 다른 기질임을 엿볼 수 있다.

남편은 늘 열심히 필기하며 수업 시간에 최선을 다하는 학생이었다. 그런데 아무리 노력해도 도무지 공부의 높은 장벽을 극복할 수가 없는 인지 상태였다고 한다. 그러나 이 이면에는 남편이 갖는 공부에 대한 말 못하는 힘듦이 있었다. 한번은 선생님께서 시험 성적이 잘못된 것 같다며 따로 호출이 있었다고 한다. 도대체가 말이 안 된다며 뭐가 잘못된 거냐고 성적이 발표되는 날 묻기도 했다고 한다. 그러나 이해가 안 되는 건 어쩔 수 없었다고 한다.

남편은 이런 말을 한다. 학교 시험지에 출제된 문항에 이해하지 못한 말들이 참 많았었다고, 글을 읽어도 이해가 잘 안 되었다고. 그리고 정말 공부에는 관심이 없었고, 인정받기 위해 보이는 그 순간에만 잘하는 척했던 것이라고. 그래서 선생님들이 봤을 땐 성적이 잘못된 것으로 볼 수밖에 없었던 것이다. 또 집에서 자꾸 강요하는 영어 공부가 너무 싫었다고 한다. 대신 운동이 좋았고, 음악 시간에 노래를 부르는 것이 재밌었다고 한다.

지금 돌이켜 지난 학창 시절을 생각해 보니 남편은 호불호가 분명한 성격이었다. 그런데 그 성격을 잘 수용하지 못해 오히려 우유부단하고 엄청 순종적인 착한 아들의 모습에 가려져 살았던 것이다.

어찌 보면 자기 자신을 몰랐던 것도 있었다. 왜냐하면 늘 남이 보는 시선을 중요시 여기는 면이 있었기 때문이다. 자기 본래의 기질이 꽃피우지 못하고 있었던 것이다. 좋아하는 것과 싫어하는 것에 호불호가 분명한 성격이면서도 꾹 참았으며, 그 이유에는 시아버지와 형의 카리스마로 인해 기를 펴지 못한 것도 있었다. 사실은 그 두 사람보다도 더 우직하고 센 카리스마를 지녔는데도 불구하고 말이다. 참 착하다는 말로 길들

여진 아들이었다 싶다. 착한 아들로 맞춰서 살아야 하는 삶. 그러다 보니 진짜 착한 아들의 모습이 만들어지고, 이제는 신앙 안에서 더욱 더 선하게 살려고 노력하는 아들이 되어 가니 말이다.

또 내가 손에 물감을 묻히고 그림을 그리는 것을 좋아하는 아이였다면 남편은 음악, 노래를 부르는 것을 좋아했고 결국 성악전공자, 연주가로서의 길을 걷게 되었다.

남편은 예지가 자폐 판정을 받던 그 해에 독일에서 성악과 최고 연주자 과정을 졸업했고, 한국에서 음성학을 공부해 현재는 발성 치료사의 길을 가고 있다. 발달장애인 청년들의 발성을 교정해 주는 일도 하면서 그들과 함께 하며 재능 기부로 나누는 삶을 사는 한 가정의 가장이 되었다.

한편 예지 할머니의 어린 시절에는 친구가 거의 없었으며, 집밖에 나가면 늘 마음이 불안했고 싫었다고 한다. 주변 사람들이 자신에게 무슨 말을 하면 그 말이 제대로 들리지도 않고, 오히려 타인을 맞이할 때 느껴지는 그 떨림에 침을 삼키는 소리가 자신에게 큰소리로 들릴 만큼 상호작용에 다소 어려움이 있었다는 이야기를 전해들었다. 상대방이 말하는 의도와 뜻을 제대로 알기가 여간 어려운 일이 아니었다고 한다. 그리고 또한 타인을 향해 궁금한 것들도 없어서, "이게 뭐예요?"라는 말을 한 번도 해본 적이 없다고 했다. 사방에서 들려오는 말에 반응하지 못하고 함구를 하고 있을 수밖에 없었다고 한다.

소위 말하는 선택적 함묵증이었다. 이 말을 들은 난 크게 티를 낼 수는 없었지만, 소통의 어려움을 느끼고 살았던 한 여인의 인생에서 아픔이 느껴져서 안타까웠고 충격이었으며, 마음이 아팠다. 그땐 엄마로서 살 길이 입을 닫는 일이었을 것이다.

순간 예지가 생각났다. 그리고 살려고, 말해 보려고 노력 중인 예지 생각에 눈시울을 붉힐 수밖에 없었다.

시어머니는 때론 말을 하고 싶지 않기도 하고 또 말을 하고 싶은데 어떻게 해야 하는지 모르는 아이였던 것이다. 이 모든 과정을 지켜보는 가족들도 함께 힘들었겠다 싶었다. 그 당시에는 지금처럼 치료를 받아야 할 이유도 없었고, 받을 수 있는 센터도, 프로그램도 없었다. 모든 것을 있는 그대로 받아들이고 그냥저냥 살아가셨다고 하셨다. 또한 중학교 때까지 앞에 있는 사물이 잘 보이지 않는 눈으로 답답하게 살았어야만 했다. 말을 할 수 있는데 말을 안 하는 길을 택하는 시간 동안 얼마나 힘이 들었을지 짐작이 되었다.

그러나 이제는 상황이 달라졌다. 늘 기도하며 겸손히 신앙인의 삶 속에서 용기를 내어 성경 말씀에 의지하고 영생을 믿는 믿음으로, 발달 장애의 어떤 치료 시스템을 거치지 않고도 180도 달라져 있는 시어머니는 이젠 어느 누구를 만나든지 떨리지 않는 마음으로 살 수 있는 연세가 되셨다. 그 연륜 안에서 오히려 두렵고 떨리는 마음으로 자신의 감정을 포함한 많은 부분들을 내려놓고 사랑으로 더 크게 품을 수 있게 된 것이 감사하고 기쁘다며 미소를 보이신다. "민주야, 나 많이 변했지?"라고 묻는 시어머니를 보며, 난 늘 가슴이 뭉클하고 나와 함께 사는 동안에 깊은 행복이 머물기를 또한 기도한다.

시어머니는 이제 더 이상 슬픔에 잠겨 무섭다 말하거나 본인의 삶을 힘들어 하시지 않으신다.

나는 안다. 시아버지가 소천하시고 시어머니는 정말 죽고 싶어 하셨다. 시아버지는 시어머니의 상처로 얼룩진 삶의 전부였고, 그의 삶을 바꾸어 내고 아픈 상처를 보듬어주며 부성애를 경험하게 했던 인생 최고의 동반자였기 때문이다.

나는 시어머니의 삶을 존경한다. 시어머니는 말할 수 없는 시련의 고난 가운데 삶을 정결하게 살아낸 여인이다. 은혜를 입은 여인 마리아와 같다는 생각도 해 본다.

이분과 함께 사는 삶이 부족하고 연약한 나의 좌충우돌 삶을 오히려 더 풍성케 했다는 것에도 늘 감사하다. 이 가정에 시어머니가 없었다면 나는 이와 같은 일들을 할 수 없었을 것이 틀림없기 때문이다. 자식의 안녕을 위해 늘 기도하고 자신의 삶을 희생하고 헌신한 삶. 내가 배워가야 하는 것은 그 어떤 대단한 지식이 아닌 내 시어머니가 살아온 삶의 전부인 '헤아림'이었고, 그것이야말로 진정 가치 있는 최고의 삶이었음을 깨닫는다.

나에게 넘치는 사랑으로 대해 주시는 시어머니께 정말 감사하고 감사하다!

엄마가 되어 '예지맘'으로서 새로운 방향을 접하고 좋은 길로 향하는,

이기심을 내려놓은 나의 삶은 내 시어머니의 인생을 보고 느끼고 깨달으며 빚어져 간다.

이것이 내가 누구로부터 인정받고 싶은 욕구에서 일어나는 것이든 아니든 그 마음의 중심에서 드러나는 모습을 아이가 차츰차츰 때에 맞게 배워갈 것이다. 예지가 알맞게 성장해 성숙해지는 그 날에 마음에서 아름답다고 여겨지는 어떤 주옥같은 것들이 펼쳐질지, 이제는 그 때를 기다린다. 있는 그대로의 모습으로 기도하고 두려움이 사라진 마음으로 진심을 다해 믿을 수 있게 되어서 참 기쁘다.

나만 알던 내가

엄마가 되어서

너를 알아야 했다

그리고

내 주위를 둘러봐야만 했다

너를 알려면

내가 기다려야

너를 알 수 있었어

내가 내려놓아야

네 마음이 보였기 때문에

그리고

나는

오늘도

널 기다리며

사랑을 배운다

널 향한 내 사랑을

날 향한 네 사랑을

두려움 없는 사랑을

아이를 위한 기도

(주)마음새

놀아주는 엄마 & 놀아주는 아이

| 상 처 받 은 치 유 자 |

상처가 비전이 될 때
불가능을 가능케 한다

어려움의 흔들림은
또 다른 희망의
시작이다

이제야 알게 된 것이 하나 있다. 그리고 희망이 생겼다.

자폐성발달지연으로 인해 발달 장애를 갖고 있는 예지가 어느 누구보다도 나와 놀기를 원했다는 것을.

그러나 나에겐 놀아 줄 마음의 여유가 없었다.

아파하며 감사한 삶을 사는 동안 기쁨을 잃어버렸기에 아이와 무엇을 함께 한다는 것이 참으로 부담스러웠다. 그저 엄마니까, 내 방식으로 '엄마'를 해석해 아이에게 모성애를 보인 것 같다. 너무도 의무적인 놀이일 뿐 둘 사이에 어떤 감정의 교류를 느낄 수 없었다. 우리에게는 교감이라는 감정이 싹틀 수가 없었던 것이다.

놀아주는 엄마 그리고 그 엄마를 보며 놀아주는 아이만 있을 뿐이었다.

예지가 발달장애인이라는 판정을 받기 전에도 그리고 그 후에도 내가 아이와의 애착을 형성하기 위해 무엇을 하였는지를 떠올려 보면 교감이라는 감정은 없는 채로 그저 끊임없이 노력한 것밖에 없었다. 그 노력 역시 분명 아이를 위해 시작한 일이었는데도 불구하고 어느 순간 이 모든 노력이 헛된 것임을 알게 되었고 허무했다. 왜냐하면 이 모든 일련의 일들이 예지가 아닌 나를 위한 것이었음을 깨닫게 되었기 때문이다.

이 글을 써내려가며 발가벗겨진 나는 나를 결코 부인할 수가 없다. 가족을 비롯해 내 주변의 모든 분들은 한결같이 이런 말들을 해준다.

"민주야, 넌 네가 할 수 있는 만큼 그 이상을 한 거야!"

그러나 난 안다. 나를 위해 몸부림을 한 것이지 아이의 입장에서는 아무것도 한 것이 없다. 무언가 아이에게 굉장히 많은 것을 느끼게끔 하려고 했던 나의 이기적인 욕심만 보였을 뿐이다. 이런 나를 예지는 어떻게 생각할지 돌이켜 보면 오히려 아이가 내 입장을 더 이해해 준 것 같기도 하다. 예지는 어떤 짜증도 내지 않으며 이 못나고 무지한 엄마가 가자고 하는 곳은 어디든 거절하지 않고 어떤 표현도 없이 늘 말없이 따라온 딸이었고, 나와 놀아주는 놀이를 선택한 것이었다.

내가 어릴 적에 친정 엄마가 맞벌이로 그 바쁜 와중에도 나를 데리고 주말마다 어디든 다닐 때, 그때처럼 난 예지를 그렇게 똑같이 데리고 다녀야 했다. 내 엄마의 심정을 이제야 이해하게 되었다.

그러나 딸 예지는 내가 그랬던 것처럼 좋았을 리가 없다. 예지의 감정이 즐거울 리가 없다. 기쁠 수가 없다. 그런데 나는 놀아주는 엄마로서 아이에게 늘 기쁨을 강요했다. 이미 머리로는 어떤 방향이 좋을지 단정 짓고 있었기 때문에 이와 같은 일도 일어난 게 아닌가 싶다.

그리고 이때 나는 아이를 데리고 다니며 초등학생의 일반화된 모습을 그리면서 조급해 했다. 그저 치료 센터만을 다니며 나에게 휘둘리고, 세상으로부터 눌리고 위축된 감정만이 가득했다. 남들이 다 가는 어린이집도, 유치원도 다녀 본 일이 없는 딸인데도 불구하고 말이다.

우리 예지는 때론 울고 때론 웃어야 억눌린 감정이 깨어나야 말이라는 것을 할 수 있다는 말을 많이 들었다. 이 말을 믿은 난 예지가 기뻐할 수 있는 일이라고 생각하는 모든 것에 집중하였다.

친정 엄마의 마지막 소원, 그 간절한 기도가 내 기도가 되었다. 헛된 일을 버리고 하나님의 기쁨이 되길 소원한, 남은 삶을 향한 기도가 내 가슴 깊이 간절하게 박혔기에 지켜내려고 더 노력한 것이다. 그리고 지금도 엄마의 그 진실한 음성이 귓가에 맴돌아 잊을 수가 없다.

사람들은 나를 보며 참 밝다고 이야기한다. 그러나 난 밝으려고 노력하는 엄마, 내 아이를 밝은 아이로 만들고 싶었던 엄마였다. 그저 아이와 교감할 생각을 하지 못하고 보여주기에 급급한 놀아주는 엄마였다.

애착이라는 말과 함께 난 예지와 교감이 아닌 교제를 원했다.

지금와 돌이켜보니 그냥 놀아주려고 '노력한' 엄마의 모습이었다.

아빠와 할머니만 그랬던 것이 아니라 나도 몇 분 동안만 조금 놀아주고, 늘 아이는 충분하게 놀고 싶은 욕구가 채워지지 않은 상황임을 아는데도 불구하고, 쉬고 싶고 다른 일도 해야 한다는 생각에 그만 돌아서 버리는, 그리고 아이 혼자 놀게끔 그냥 내버려두는 행동을 반복하고 있었다. 이렇게 놀아줬던 행동들은 애착을 위해서라고 말했지만 사실은 단지 내 위안을 위한 시간들이었다는 생각이 든다.

이렇게 교감이 없는 형식적인 아이와의 관계가 나도 아이도 힘들게 할 때쯤이었던 것 같다. 예지 나이가 7살이었던 여름, 내가 소속되어 있는 색채심리협회의 이사장이신 김 교수님께서 신촌 세브란스병원에서 개인전을 진행하셨다. 이분의 작품 중에 나와 예지를 모델로 한 그림이 있었다. 제목은 〈모정〉. 예지와 함께 인증 사진도 찍었고, "감사한 일이다. 엄청난 선물을 받았다."고 고백하였지만, 이날 난 이 그림을 보며 마음이 완전히 무너져 내렸다. 아이에게 너무도 부끄러웠고, 그동안 그런 부끄러운 행동을 해온 나 자신이 어리석게 느껴졌다.

왜냐하면 난 예지와 교감을 시도한 엄마라는 생각이 들지 않았기 때문이다.

난 스스로 늘 예지에게 부족한 엄마라고는 생각하지 않았다. '네게 최선을 다했다. 내가 뭘 더 어떻게 놀아줘야 하는 건데!'라는 생각이 내 마음 깊은 곳에 깊이 뿌리내려 있었다. 아이와의 교감을 위해 노력하기보다는 아이를 내 방식으로 일깨우고 그저 지식적으로 가르치려고만 했으며, 아이의 시선을 맞추는 척만 했던 날들이 무색했다. 아이가 갑작스럽게 이상 행동을 보일 때면 그 행동이 맘에 들지 않았음에도 어디서든 당당하게 행동했지만, 그것은 위선이었다. 나를 자랑한 삶을 살았다는 생각이, 이 시점에서 그만 바뀌어야 한다며 나를 일깨워 주고 있었다.

©김금안(서양화가, 색채심리상담사)

결국 〈모정〉이라는 그림을 보게 되자마자 마음에 묵도했던 생각을 하나하나 정리하기 시작했다. 여태껏 아이와 지내왔던 시간 속에 나의 모습들은 오직 내가 작아지기 싫은 마음에서 한 행동이었음을 알 수 있었다. 아이에게 문제 행동, 소위 말하는 상동 행동이 드러날 때 제발 그만했으면 좋겠다는 생각으로 꽉 차 있었고, 이 행동을 없앨 수만 있다면 어떻게든 원인을 찾아 뭐든 해야만 한다, 이런 행동은 어렸을 때 빨리 없애 줘야 한다고 생각했었다. 왜냐하면 커서도 이렇게 사리 분별을 못하고 막무가내의 행동을 보인다면 더 감당할 수 없고 괴로울 거라 믿었기 때문이다. 이런 이유로 난 지금껏 아이를 위해 애썼다고 말하기가 부끄러워졌고, 그저 나를 위해 애써왔다는 생각에 눈물이 흘렀다. 예지에게 그리고 애쓰고 산 나에게 미안했다.

용서를 구해야만 한다는 생각에 기도의 시간을 가졌다. 아이를 향한, 아이 입장의 사랑이 부족했던 난 "그래도 예지 엄마인데. 나 말고는 예지에게 엄마가 되어 줄 사람은 이 세상 어디에도 없는데. 그러면 난 어떻게 해야 하나."라고 수도 없이 기도했다. 그러면서 나의 현주소를 제대로 보게 되었다. 머리에는 부모 교육과 세미나를 통해 자폐 아이 치료에 대한 이야기가 많이 쌓였어도 나는 계속해서 내 방식의 치료를 고집했던 것이다. 시간만 맞춰서 교감 없이 놀아주는 엄마를 둔 예지가 얼마나 힘이 들었을까. 자폐성발달장애인 아이들은 물론 개인차가 있지만, 대부분 감각의 통합 기능이 낮기 때문에 사물을 받아들이고 표현하는 것이 힘들다고 한다. 그러나 나는 자꾸 그것을 잊고 내 방식을 아이에게 강요했다.

어쩌면 내 아이의 가능성을 믿지 않았기 때문인지도 모른다.

'엄마는 왜 나를 믿지 못하고 힘들어 하는 것일까?'

말을 못했던 예지는 아마 이때 이렇게 생각했을지도 모른다. 왜냐하면 아이의 표정이 밝지 않았기 때문이다.

작아지고 싶지 않았던 나는 내 삶에서 이뤄지는 예기치 못한 이와 같은 다양한 일들을 통해 스스로 작아지는 길을 택하게 되었다. 놀아주는 엄마에서 교감을 위해 아이에게 더 집중하며 아이 중심으로, 아이를 존중하는 엄마로 서서히 바뀌는 과정에 놓여 있다.

나는 내 방식을 내려놓을 수 없었지만 늘 부족한 상황에서도 기도의 끈을 놓지 않았다. 나는 말씀 안에서 선한 인도를 받아가며 조금씩 아이

와 함께 성장하고 성숙해지고 있다는 사실에 비로소 마음을 다하여 감사

하게 되었다.

네가 보는 곳을

난 보지 않았고

네가 가는 곳을

난 싫어했어

넌 내가 가는 곳을

늘 따라왔고

넌 내가 보는 곳을

늘 봐야만 했어

미안해

미안해

미안해

엄마를

용서해 줘

아이를 위한 기도

(주)마음새

엄마, 아빠,
놀아주세요!

예지는 흔히 발달장애인 치료 분야에서 말하는 감각 추구의 패턴적 행동을 7년을 꾸준하게 반복했다. 그중에 제일 심하게 매일 반복되었던 행동을 떠올려 보면 길가를 위험천만하게 눈 감고 뛰거나, 겁 없이 높은 곳에 올라가고 점프하고, 유독 지하주차장에서 극한의 무서움을 느낀다는 것이었다.

5살 때 그림을 그리면 도형의 형상은 없고 난화亂畵만 계속해서 그릴 뿐이었고 연필도 엉뚱하게 잡았다. 데생할 때 잡는 법으로 연필을 잡았고, 처음에 잡은 모양 그대로 잡으려 고집을 부렸으며, 한 번 그리기 시작하면 끊임없이 그림을 그리기 일쑤였다. 그러나 표정 하나는 정말 진지했다.

7살이 되어 이제는 그림을 그리나 싶어서 봤더니 똑같은 모양의 네모만 계속 반복해서 그렸고, 종이접기를 하면 4년을 비행기만 접어댔던 것 같다. 그리고 자기가 필요할 때만 나를 찾았다. "도와주세요."라는 말은 못해서 그저 내 손을 갖다 대고 "해 줘?"하고 물었을 때, 그제야 눈으로 짜증내며 "줘!"라고 대답했다.

자기가 하는 일을 내가 같이 하는 것에 수용적이지 못하였다. 어떤 것도 같이 하는 것이 용납되지 않는 아이를 보며 놀이를 하기는커녕 내 마음은 그저 암담하고 답답할 뿐이었다.

8살까지 대소변도 때때로 가리지 못한 딸이었기에 도대체 언제쯤이면 되려나 하는 생각에 어떤 일에도 기뻐할 수가 없었다.

보통 치료 센터에서 이런 말들도 스스럼없이 많이 한다. 이와 같은 반복적 행동을 시지각과 청지각의 이상행동과 강박 증상으로 보고 언어 지연으로 인해서 사회성에도 문제가 생기고 뇌의 불균형이 일어나며 전인발달지연이 온다고. 이를 치료하기 위해 병명을 이야기하고 일면만 보고 단정 지으며 평가한다. 그리고 나는 이 행동을 없애기 위해 부단한 노력을 기울였다. 예지의 발달 치료를 위해 센터의 수업이 끝남과 동시에 피곤한 아이를 데리고 내가 제일 의미 없어 했던, 참 싫었고 원하지도 않았던 등산을 했다.

예지는 입체적인 사물에 흥미가 없고, 오직 평면화도나 구도에만 집착하며 심지어는 입체를 거부하는 행동도 보였다. 하지만 나는 정말 아랑곳하지 않고 괜찮다고만 하면서 아이를 주말마다 자연으로만 데리고 다녔다. 어느 여름에는 비 맞은 듯 땀으로 옷이 다 젖고, 모기에게 얼마나 물리고 다녔는지 가려워서 힘들어 하는 딸의 감정을 외면한 채 약을 발라주며 또 산을 올랐다. 그래도 힘든 것을 모르고 다녔다. 그야말로 앞만 보고 달렸다.

예지가 그렇게 좋아하는 뽀ㅇ로, 후ㅇ스, 아이ㅇ린지의 영상을 반복해서 보는 행동을 고치기 위해 미디어 보는 일도 과감히 중단했다. 이렇게 노력하는 과정이 발달 지연의 치료가 되는 셈이다.

그런데 나 역시도 예지와 같이 반복적인 행동을 한 적이 있었다. 초등학교 때까지 엄지손가락을 퉁퉁 부르틀 정도로 빨아댔다고 한다. 그리고 머리카락을 꼬며, 엄마만 만나면 그렇게 머리카락을 만져댔다고 한다. 또 음식 먹는 것도 얼마나 까다로웠던지 바나나와 흰 우유는 절대 먹지 않았으며, 혼나더라도 내가 하고 싶은 일은 꼭 하고야 마는 아이였다. 두려움과 호기심, 이 양가감정이 늘 공존했던 것이다.

예지도 마찬가지였다.

그렇게 예지를 이해하자, 변화가 생겼다. 물론 지금도 마치 감각을 추구하는 양 보이는 모습들이 몇몇 있지만, 9살인 예지에게는 이제 더 고칠 것이 없다고 생각하기로 마음먹었다. 아이를 향한 내 생각과 바라보는 시선이 완전히 달라진 것이다. 담대한 용기를 내어 가족들이 있는 앞에서 예지에게 기쁨의 마음을 담아 말했다.

"예지야. 눈 보이지? 말 들리지? 입 움직이지? 팔과 손, 다리, 발, 다 움직이지? 쓸 수 있지? 말 하지! 예지야. 넌 건강한 아이다. 아멘!"

이 말을 듣고 예지가 웃었고, 바로 "아멘!"이라고 대답했다.

이 대답이 반향어로 한 말이라 하더라도 나는 간절했기에 그마저도 감사했다. 정말 조금도 머뭇거리지 않고 바로 대답한 이런 아이의 반응이 나조차도 신기했다. 더 놀랍고 감사했던 건, 말을 듣고 믿은 예지는 이 시점부터 뭔가 달라지기 시작했다는 것이다.

이제는 눈을 감고 뛰는 일도 없다. 어딘가에 올라가서 서는 것을 좋아하는 하지만, 무조건 높은 곳을 향해 무모하게 오르거나 점프하지 않는다. 난화만 몇 날 며칠, 몇 년을 그리던 예지가 오히려 지금은 사물을 연상하면서 입체적으로 섬세하게 그려내는 아이가 되었다. 종이접기의 경우 비행기뿐만 아니라 학, 배도 접고, 물고기 그리고 다른 동물도 그려달라고 요청하는 아이가 되었다. 그동안 예지가 했던 행동은 자기 나름의 의미를 갖고 하는 행동이었으나 나에게만큼은 정말 그만 좀 봤으면 좋겠다는 생각이 들었던 행동이고, 그렇기에 문제 행동으로 인식되었던 것이다.

34개월 때부터 치료를 계속 이어가면 갈수록 신체적인 성장을 제외하고, 7살이 되기 전까지만 해도 아이가 도무지 무엇을 좋아하고 싫어하는지를 알 수가 없었다. 순하기만 한 아이였기 때문이다. 그 순하다는 말의 의미에는 어떤 특정한 것에 강한 욕구적인 의지를 보이는 면이 없었다는 것을 말하는 것이다.

도대체 이 아이는 언제 사람을 알아보고 엄마 아빠를 구분하며 사람의 얼굴을 그릴 수 있을까 조바심이 났다. 하지만 예지가 꼭 그려낼 아이라는 믿음은 갖고 있었다. 그래서 그림을 가르치지도 않았다. 그냥 아이가 원하는 대로 그릴 수 있게 내버려 두었고 지켜만 보았다.

지금 자기표현과 함께 도화지에 그림을 그려내는 예지는 정말이지 180도 다른 아이이다. 참으로 놀라웠다. 너무도 밝고 동적이다. 여전히 TV 시청을 차단한 상황인데도 그림을 캐릭터로 표현할 줄 알고, 사물의 특징을 잘 살려 유쾌하게 그려낸다. 또 더 감사한 것은 이와 같이 그림을 그리기 시작하면서 예지의 감정이 안정되고 기뻐하기 시작했다는 것이다. 말 표현이 둔하고 말수가 적은 예지의 억압된 감정을 풀어낼 수 있는 도구가 그림 그리기가 된 것이다.

또 아빠가 얼굴을 맞대 보고 불러도 크게 반응이 없던 아이가 참으로 맞나 싶게 지금은 아빠 차가 들어오는 인터폰 소리를 듣고 현관 앞에 서서 아빠를 마중한다. 정말 느리다, 느리다고 생각했지만 알맞게 성장했다. 반겨주는 딸의 모습에 아빠도 아주 잠깐이지만 10분 정도라도 몸으로 놀아주면서 예지가 아빠에 대한 좋은 기억을 만들어 가도록 돕고 있다. 이와 같이 자기의 욕구를 표현해 내면서 예지의 입이 더 확 열렸다. 물론 9살이 되어서야 입이 열린 예지라 아직 노래도 잘 못하고 말도 잘하지는 못한다. 그러나 소리를 더 예민하게 오래 듣고, 때론 한 문장으로 연결해서 말을 하기도 한다.

또한 미술 치료를 따로 받은 적도 없고, 그저 책을 가져와 그려 달라고 요청하는 것에 집중하며 그때그때 예지가 원하는 것을 그려준 것이 전부인데 미술 치료 이론에서 가장 큰 치료 장점으로 언급하는 시지각 이상 현상의 교정이 자연스럽게 이루어졌다.

요즘 예지는 자기가 그려낸 그림을 보면서, 어떤 걸 그렸는지 말한다. 그러면서 이런 말을 건넨다.

"엄마, 놀아요! 같이 해요!"

영국의 한 초등학교에 문제를 안고 있는 8살 여자 아이가 있었다. 한 시도 가만히 있지 못하는 그 아이는 1학년 초부터 선생님의 골머리를 아프게 했다. 떠드는 건 예사였고, 숙제를 해 오지 않을뿐더러 성적은 늘 꼴찌였다.

그 아이는 소위 ADHD(주의력결핍과잉행동장애, 산만증후군)이 심한 아이였다.

담임 선생님은 몇 번이고 야단을 치고 얼러 보았지만 소용이 없었다. 급기야 부모님에게 편지를 썼다. 이 아이를 더 이상 가르칠 수 없으니 특수 학교에 보내라는 내용이었다.

편지를 받은 부모님은 가슴이 철렁 내려앉았다. 아이의 어머니는 철렁 내려앉은 가슴을 진정시키고 아이를 심리 상담사에게 데리고 갔다.

그 상담사는 어머니와 대화를 나누며 그 아이를 관찰하였다. 한참 후 상담자는 아이에게 말했다.

"미안하지만 엄마하고 이야기 할 것이 있으니 이 방에서 조금만 더 기다려 줄래?"

상담사는 라디오를 켜 놓은 채 어머니와 함께 문을 닫고 밖으로 나갔다. 그리고는 혼자서 어떤 행동을 하는지 어머니에게 조그마한 구멍으로 아이를 보게 했다.

잠시 후 놀라운 일이 벌어졌다. 라디오에서 음악이 흘러나오자 그 아이는 의자에서 일어나 음악에 맞춰 방 안을 돌아다니며 너무나도 우아하게 춤을 추는 것이었다.

"부인, 이 아이는 이상한 게 아닙니다. 춤에 너무나도 재능이 있는 아이입니다. 가만히 앉아 있게 하는 것이 도리어 고통인 것이지요."

그 아이는 춤을 추는 것을 너무나 즐거워했다. 학교에서도, 집에서도 매일 춤을 추었다.

그녀가 바로 20세기의 가장 위대한 발레리나이자 안무가인 질리언 린Gilian Lynne이다. 그녀에 의해서 〈캣츠〉, 〈오페라의 유령〉 등과 같은 멋진 뮤지컬 작품들이 만들어졌다.

스티브 잡스도 산만증후군이었다.

빌 게이츠도 휴학을 하며 심리 치료를 받았다.

소심한 성격에 여자 앞에만 서면 부자연스러워지는 워렌 버핏도 언어 치료를 받았다.

단점만 보면 모두 문제아로 전락될 뻔한 사람들이지만, 장점을 보고 그 장점을 잘 부각시켜 인생을 대성공으로 이끈 사람들이다.

예지가 자폐성발달장애 판정을 받고 힘들어 하며 울고 있는 나에게 내 형님께서 툭 이런 말씀을 하셨다.

"동서. 분명히 예지 안에 보물이 있는데 말이야. 동서가 그 보물들을 찾게 되면 좋겠어."

이땐 정말 무슨 말을 하시는 건지, 무슨 보물이 어디에 있다는 건지, 나보고 뭘 어떻게 하라는 건지 알 수 없었지만 묵묵히 "네."라고 대답을 했던 것 같다.

그런데 예지를 고쳐 보겠다고 치료하는 과정 안에서는 그 숨겨진 보물이 발견되지 않았다. 예지에게는 고칠 것이 없고 자연스레 성장할 아이라고 말하기 시작한 시점부터 아이 안에 있는 보물이 보이기 시작했고, 그 숨겨진 보석을 꺼내기 이전에 앞서 예지의 존재 자체가 보물임을 알았다.

놀아주는 엄마를 만났어도, 스스로 노는 아이였어도 예지는 이만큼 성장한 것이다. 아이는 전인적 발달을 위해 꼭 해야 하는 성장통을 겪었고, 앞으로도 겪어갈 것이라 생각한다. 그리고 난 이젠 세상에 하나뿐인 보물 속에 숨겨진 빛나는 보물을 예지가 스스로 꺼내어 빛을 발할 수 있도록 오늘도 기다려 본다.

아이와 함께하는 가운데 깊이 숨겨진 가능성의 보석을 찾아내는 길에 선하든 악하든 우리의 몫이 있다고 생각해 본다.

나를 향해

눈을 뜨고

네가 웃는다

네가 나를 부른다

엄마라고

엄마

같이 가요라고

고맙다

딸아

엄마를 기억해줘서

엄마를 불러줘서

아이를 위한 기도

_(주)마음새

[PART3]

노는 엄마 & 노는 아이

| 찬양 |

나도 모르는 감사와 기쁨 그리고 자유함이 있음을
노력하지 않아도 그저 차고 넘칠 수밖에
그 사랑 위에 서리

밖에 나갔다가 집에 들어와 깨끗하게 씻은 후 입던 옷을 스스로 벗고,
잠옷으로 갈아 입은 뒤 예지가 나를 보며 입을 움직인다. 미소 지으며 내
게 말한다.

"엄마 같이 가요!"

그 말을 들은 난 내가 지금 누구에게 무슨 말을 들은 건가 싶었다.

그리고 동시에 장기 기증 서약을 하며 기도했던 것이 떠올랐다.

'내가 살아있을 때가 아니어도 예지가 분명 말을 할 것을 믿는다.'

나를 엄마라고 불러준 그것이 그저 고마웠고, '그래. 그거면 된다.'며
모든 것을 받아들이고 살아왔던 나에게 〈세상에 이런 일이〉와 같은 일이
일어났다.

나는 어릴 적부터 울보이기도 했지만, 예지는 살면서 나를 계속 눈물

흘리게 하는 딸이다. 내 삶에 기쁨을 동반한 두 번째 기적을 보게 되었다는 뜻이기도 하다.

난 예지가 9살이 되어서야 알게 되었다. 나에게 주어진 하루는 매일매일 반복되는 지루한 변함없는 일상이거나 무거운 짐을 짊어진 날이 아닌 귀한 선물을 받는 최고의 날이었다는 것을 말이다.

그저 지금 내 아이가 살아 있다는 그 특별함. 무엇을 해서도 아니요, 무엇이 없어서도 아닌, 존재 자체가 감사이고, 그 감사로 내 기쁨을 말하기에도 부족한 날이었다.

우리 가족은 더 이상 아프지 않으므로 치료라는 굴레에 머물러 있을 이유도 없다. 회복된 것이다! 처음부터 고칠 것이 없던 아이. 이 고칠 것이 없던 아이를 내 힘으로 고쳐 보겠다며 동분서주하고 아파한 날들이 너무도 무색하게 여겨졌다. 그렇지만 그 치료 과정에서 너무도 귀한 만남의 축복을 받아 나누고 사는 이 모든 일이 결국엔 다 필요한 것들이었다고 생각한다.

돌아보면 버릴 것이 없는 날들이었다.

지금 예지는 발달 지연과 언어 장애가 아주 없어진 것은 아니다.

그러나 더는 놀아주는 엄마의 모습으로 아이의 성장을 부추기지 않는 내가 되었다. 예지에게 강요하며 놀아 줄 필요를 느끼지 않아도 되며, 그저 무럭무럭 알맞게 그리고 가장 자연스럽게 아픔에서 벗어난 새로운 감사에 젖어서 살면 된다. 스스로 선택한 이 길에서 어떤 정해진 틀이 없이 말이다.

역시 노는 것을 정말 좋아했던 난 기쁨으로 살면서 주어지는 상황을 즐기는 '노는 엄마'가 되고, 예지는 홈스쿨링을 하며 마음껏 '노는 아이'가 될 수 있어서 참 좋다.

남편이 예지를 보면서 이런 말을 건네준다.

"당신 보여? 예지가 행복해하는 거."

난 이렇게 말해주는 남편에게 늘 감동하고 감사하다.

노는 엄마가 되기까지 겪었던 시련과 고통은 내가 감당할 수 있는 것들이 아니었기 때문에 그저 기도하였고 믿었다. 그때마다 때에 맞게 나를 살게 하도록 늘 돕는 사람들이 나타났고, 그 섬세한 보호와 도움으로 여기까지 올 수 있었다. 그럼으로써 많은 발달장애인 아동을 둔 엄마들의 수많은 사연들을 나누며 살 수 있게 된 것이라 생각한다.

팟캐스트 형식의 인터넷 라디오 방송 진행을 시작하고 얼마 안 되어 국내 최초로 만들어진 발달장애인 가정을 위한 특별한 이 방송이 나를 위한 일이 아닌 장애라는 타이틀로 상처받은 가정을 위로하고 빛을 비추는, 생명을 살리는 일을 위한 통로라는 마음을 내 가슴에 갖게 한 사연이 있었다. 이후 모든 것이 합력하여 선을 이뤄내는 일들을 목도할 수 있게 되었다.

맘스라디오 〈예지맘의 괜찮아〉 청취자 게시판에 올라온

발달장애인 아동을 키우는 엄마의 사연

-글쓴이(코람데오(mydream0114)님)

제 나이 서른 셋, 결혼과 함께 바로 임태의 기쁨을 느꼈고, 직장 일을 잠시 멈춘 채 아무런 생각 없이 아기의 기저귀를 챙기고 우유를 타는 평범 속의 평온한 하루를 보내고 있었습니다.

생후 6개월쯤 되면서 언젠가부터 앉으면 자꾸 넘어지는 아이의 모습을 보며 혹시나 하는 마음으로 서울대학교 병원에 가게 되었습니다. 모든 검사를 끝내고 아무 이상이 없다는 의사 선생님의 말씀을 듣고 다행이라는 안도의 한숨과 '그럼 그렇지. 우리 아이가 설마. 무슨 이상이 있겠어? 별다른 이상은 없을 거야.'라는 생각을 하면서부터 병원 생활이 시작되었던 것 같습니다.

진단명을 알지 못한 채로 병원마다 다른 진단에 저희는 혼돈에 빠지고 상처를 받았습니다. 병원마다 검사 후 결과가 나오는 날까지 식음을 전폐하고 잠도 못 이루었고, 의사 선생님들의 말씀을 들을 때마다 제 가슴에 감당하기 어려워 병원 화장실에서 누가 들을까 봐, 밖에 계신 어머니가 알아차리실까 봐 화장실 물을 내리며 입술을 떼지 못하고 울었던 기억이 납니다. 하늘 아래 날벼락이라는 게 이런 거라는 생각을 하고 있었습니다.

그렇지만 그건 시작일 뿐이었습니다. 진단명을 알지 못하고 헤매기를 2~3년, 병원 입원 생활도 수차례, 그 후 저는 의사 선생님의 말씀을 믿지 못하게 되었고, 현대 의학으로는 찾을 수 없는 미세한 병이 있을 수도 있다는 저만의 위로로, 아주 긴긴 감기에 걸린 거라는 저만의 격려로 그때부터 6살 때까지 앞만 보고 치료에만 매달려 보았습니다. 제 힘으로 모든 것을 이루려고 발버둥 치는 교만이 시작되었습니다.

아들이 어린이집에 들어갈 때쯤에는 세상 절벽에 서 있는 마음이었습니다. 길고 긴 어두운의 터널이 언제 끝날지 모르는 참담함 속에서 이 세상을 절름발이 마음으로 살아가고 있을 때, 아이가 다닐 학교를 찾고 믿음에 의지하며 길을 찾았습니다.

아들의 다리가 장애가 아니라 내 마음의 장애를 깨닫게 되었고, 무지하고 교만했던 내가 이 세상의 어두운 곳과 아픔을 볼 수 있게 되었습니다.

14살이 된 지금, 아들은 축복의 통로이자 소망 중에서 참 기쁨과 행복임을 깨닫습니다.

아직 혼자 걷지는 못하고, 넘어야 할 큰 산들이 분명히 우뚝 서 있지만, 믿음 안에서 밝고 건강하게 살아가게 하심이 너무도 감사합니다. 그 분이 뜻하신 그때에 치유해 주시고 가장 좋은 길로 인도해 주실 거라 믿으며, 한 걸음씩 한 걸음씩 그 에베레스트 산을 넘게 해주실 거라 고백합니다.

이 세상 어딘가에서 같은 아픔을 겪고 계신 분이 계시다면 한 분이라도 그 아픔을 함께 하고 위안이 되시기를 바라는 마음으로 제 작은 경험을 나눕니다.

〈예지맘의 괜찮아〉를 통해 외롭고 아픈 한 영혼, 한 영혼에게 쉼터가 되고, 주시는 선의 길로 발달장애인들이 서로 마음을 모아 함께 만들어 가는 세상을 꿈꾸어 봅니다. 가장 낮은 곳까지 함께하는 축복의 통로가 되기를 소망하며 감사드립니다.

어제의 사연과

오늘의 사연

내일의 사연이

한소리로

말을 합니다

이건

절망이라고

이럴 수 없다고

너무 아팠다고

감당할 수 없었다고

그런데 이젠 '괜찮다고'

그리고 내일 더 괜찮아질 것을 믿는다고

아이를 위한 기도

(주)마음새

결혼하고 얼마 되지 않은 신혼 때, 임신도 하기 전에 '내가 만약 아이를 갖고 낳는다면…'이라는 가정 하에 이미 내 아이는 조금 특별하게 클 것 같다는 막연한 생각을 하곤 했었다. 그리고 임신 중 때에 맞는 성장이 있을 때마다 아이의 생명을 있게 한 분, 하나님의 깊은 은혜를 고백하는 그림을 그리곤 했다.

시어머니와 이런 대화를 나눈 적도 있었다.

"4년제 대학을 가야 한다는 그 이유로 입시 공부에 시달리는 학생이 아니었으면 좋겠다."

아이가 대학 입시, 주입식 교육 등에 휘둘리지 않고, 다른 누군가에게 비교당하지 않고, 자기의 재능을 잘 찾아 방방곡곡에 자유롭게 선한 꿈을 펼치며 살 수 있으면 좋겠다고 바랐었다.

그런데 정말 그 일의 시작이 발달 지연 발달장애인의 삶, 이와 같은 상황으로 이어질 줄은 상상도 못했다. 남들이 다 하는 그 평범한 일상의 일을 하면서 살게끔 하기에는 이미 내 아이가 특별해졌다. 그 차이를 받아들여야 하는 것이다. 생후 12개월에 내 아이의 특별함이 이미 보이기도 했었다. 예지는 "맘마"보다도 "아멘."을 먼저 한 아이다.

요즘 들어 자유롭게 활동하는 가운데 아이 안에 담겨 있던 갖가지 에너지가 분출되는 모습을 볼 때마다 예지가 실제로는 참 많이 예민한 아이라는 생각이 든다. 너무 예민해서 때로 스스로 힘들어 하는 모습도 보게 된다. 내 아이가 순하다, 순하다고 했었던 때가 언제였나 싶게 예지는 변하고 성장했다.

그렇다.

사람은 무엇을 하든 어떻게 자랐든 완벽함을 이룰 순 없다. 어떤 일을 하든지 여러 시행착오도 만나고, 실수도 할 수 있고, 실패도 겪는다. 그저 생명을 다하고 죽는 그날까지 온전함으로 이루어져 가는 삶을 사는 것이다.

난 지금까지의 내 짧은 인생을 정리해 보면서, 이제는 내가 바라는 대로 그럴싸한 완벽함의 모습으로 보이지 않아도 행복할 수 있는 삶이 있다는 것을 알았다. 그 가치 있는 삶, 매일의 나날들에 내가 어떤 자세를 갖고 성실하고 진실하게 살아가고 있는지, 늘 나 스스로를 바라보는 그 안에서 넘치는 사랑과 감사 또한 경험할 수 있을 것이다.

오늘도 예지에게 말한다.

"예지야, 넌 알잖아. 이거 어떻게 해야 하지? 그래. 바로 그거야. 잘했어. 훌륭해! 네가 아는 대로 행동하면 되는 거야."

"그래, 맞아. 예지야. 이미 넌 많이 봤어. 네가 어떻게 행동하는 것이 맞는지."

"이거 혼자서 하기 힘들면 우리 같이 하자. 네가 할 수 있는 만큼만 해. 그리고 혹 도움이 필요하면 엄마 불러. 엄마는 너와 함께 한다."

이렇게 설명하듯이 이야기하면 이 말을 들으려고 애쓰는 예지를 본다. 또 어떻게 알아들었는지 행동도 말도 더 예쁘게 바뀐다.

그리고 예지가 조곤조곤 천천히 말한다.

"엄마, 배고파요."

"나 이거 주세요."

"엄마, 여기에 있어요."

"새 그림 그려 주세요."

"편의점에 가고 싶어요."

"엄마, 아이스크림 2개 살래요."

"엄마, 도와주세요. 그리고 이거 내가 할래요."

때론 이렇게 말해주는 참으로 사랑스런 아이를 보며, 난 "우리 딸 잘한다. 최고다!"라고 칭찬을 한다.

"칭찬은 고래도 춤추게 한다."라고 하지 않나. 그 칭찬이 예지로 하여금 좋은 습관과 좋은 행동의 모습을 하나둘씩 만들어 가게 하고 있음에 참 감사하다.

언제 고집을 부리고 떼쓰며 바닥에서 구르고 난장판을 치면서 지냈나 싶게 오히려 말을 세심하게 듣는 아이로 성장해 가는 모습을 볼 때마다 말하는 아이의 그 입이 얼마나 예쁜지 모른다. 어떤 말을 하면 "네, 알았어요!"하며 반응도 대체로 긍정적으로 한다.

참 오랜 시간이 걸려서 말을 하게 된 예지다.

아직은 훈련이 적어 말이 많이 어눌하지만, 이제는 이 아이의 입에서 감정을 실은 예쁜 말이 나온다. "찬양 들려주세요! 엄마도 불러요."라며 말끝에 '~요'를 꼭 붙여서 말하는 예지에게 고맙다.

얼마나 기도했던가. 아이의 입에서 선한 말이 나오기를, 선한 말을 할 수 있게 도와달라며 얼마나 울면서 부르짖었던가. 내가 할 수 없으니 생명을 다 바쳐 믿는 하나님께서 나에게 하셨듯이 예지에게도 하나님의 사랑을 말할 수 있는 마음을 허락해 달라 했었다. 지금 이 순간이 너무도 감사할 따름이다.

그리고 입을 닫고 눈으로만 말하던 그때에 예지를 향해서 기도해 준 가족과 친지 또 주변의 많은 이모들과 삼촌들, 센터나 학교에 다닐 때 예지를 맡아서 지도했던 선생님들, 교회 목사님, 사모님, 전도사님이 계셨다. 예지는 이들로부터 엄청난 중보기도의 힘을 받았다. 때론 그들의 꿈에 종종 또박또박, 또렷하게 문장으로 말을 하는 예지의 모습이 등장하곤 했었다고 한다. 이런 말을 들을 때마다 나는 다시 작은 용기를 낼 수 있었고, 시간이 지날수록 예지의 입에서 꼭, 반드시 말이 나온다는 믿음으로 비롯된 간절한 확신이 있었다.

　그리고 오늘 난 이와 같이 글로 고백한다.

　예지가 받았던 중보기도, 그 기도가 나에게도 전해졌고 나를 절망 속에서 걸어 나오게 했으며 나와 예지 둘 다를 살려냈다는 것을.

　완벽해져서 완전한 것이 아니다. 온전해져 가는 삶으로의 부르심이 행복한 것이라는 생각을 더불어 해 보게 된다.

　조금 느려도 또 실수해도 다 괜찮다. 왜냐하면 우린 지금 100m 단거리 달리기를 하는 것이 아니기 때문이다. 완주를 할 때까지 몇 미터가 되는지 모르는 장거리 마라톤을 하고 있는 것이다. 그렇기에 누구를 위해 무엇을 하며 살고, 내가 최고가 되는 것이 성공했다고 말하는 삶이 아닌 내 유익이 없는 섬김, 이웃과 더불어 함께 나누며 가는 삶이 좋은 길이라는 것을 받아들여야 한다. 이 모든 일련의 과정을 통해 상대방의 인생을 받아들일 수 있는 수용 능력에서 비롯된 사회성을 키워 나갈 수 있다. 이러한 헤아림과 온전함이 구현되기에 우린 때때로 갖가지 상황에 맞는 꿈을 꾸고 사는 것이 아닌가라는 생각을 하게 된다.

　믿음, 소망, 사랑 중 제일은 사랑이라고 한다. 그러나 나는 믿음, 소망, 사랑 이 세 가지가 하나가 되었을 때 진정으로 두려움 없이 '노는' 삶을 살 수 있는 것에서 완전함에 이르는 행복이 존재함을 믿게 되었다. 우리 아이들에게도 부모를 통해 전달된 행복이 아이들의 삶에 조금 더 풍성한 기쁨을 더해 줄 것을 믿는다. 노는 것, 누리는 것, 자유한 것이 그 자체로 행복이며, 그것이 희망이라고 말하고 싶다.

넌

어느새

기쁨이 차올라

거짓된 감정이 아닌

진실된 감정으로

나를 향해 네 속의 기쁨을 표현해

네 기쁨이

오늘의 나의 기쁨 되어

이제 나는 내일이 행복하다

내일을 기대한다

고맙다

딸아

잃어버렸던 꿈을

품을 수 있게 해 주어서

나의 꿈을

이제

네게

아이를 위한 기도

(주)마음새

나는 믿고 싶어서 믿은 것이 아니다.

믿지 않으면 살아갈 수 없었기 때문에 믿었다.

그런데 어느 순간 그 믿음이 나와 우리 가족의 삶을 이끌어가고 있음을 알게 되었다.

앞이 보이지 않는 깜깜한 터널 속에서 나에게 믿음은 간절함이었고, 목마름에서 시작된 꿈이었다.

결국 나를 예배와 기도의 자리에 있게 한 내 꿈은 "네 믿음대로 될지어다."였다.

이 말을 믿은 그 순간, 믿음대로 된다는 이 말은 내가 바라는 대로 되는 것이 아닌 내가 바라지 않았던 또는 할 수 없었던 일이 한계를 넘을 수 있다는 뜻이고 네 믿음대로 될 것이라는 뜻으로 이해가 되었다. 나는 해석한 그대로 받아들였다.

이때부터였을까. 상황은 정말 더욱더 나를 보이지 않는 깜깜한 터널로 밀어 넣어대는 것 같았다. 그토록 바라는 상황은 오지 않았다.

그런데 서서히 나의 상황을 바라보는 내 시선이 바뀌고 있다는 것을 느꼈다. 나 스스로가 변해 가고 있었다. 그와 동시에 예지가 커 가고 있었다. 섭리 안에서 예지에게 맞춰진 발달 성장이 일어나는 변화를 경험하게 된 것이다.

결국 이렇게 깨달으며 성장하는 것이라는 생각이 든다.

한번은 이런 일도 있었다.

어찌 보면 다른 사람들은 당연한 것처럼 받아들일 수 있겠지만 나에게만큼은 각별하게 다가온 사건이었다.

예지는 이해력이 부족하다는 말을 참 많이 들었다. 그러나 예지에게 또 다른 이해력이 있다는 것을 발견했다. 그 이해력은 주입식 교육 방법이 아닌 자기중심적 사고에서 비롯됨을 알았다.

예를 들면 이런 것이다.

'1 더하기 1은 2'라는 것을 배울 때 예지는 종이에 엄마 펭귄과 아기 펭귄을 그린다. 그리고 "두 마리야?"라고 물으면 "2, 두 마리."라고 대답한다.

또 예지가 집중해서 그림을 그리기 시작하면 시간 가는 줄 모르고 계속 그리는 일이 많았다. 그럴 때 난 예지에게 묻는다.

"예지야, 너의 몸짓 모두를 난 존중한다! 네가 선택한 이 종이에 마음껏 그리렴. 그런데 몇 분 동안 할 거니?"

이렇게 시간을 정하고 약속을 한다. 그런 후 예지가 스스로 시간을 정하고, 나는 예지가 자기 관리를 스스로 할 수 있게 바로바로 피드백을 주며 돕는다.

이렇게 차츰차츰 아이는 하루라는 시간의 흐름 속으로 젖어든다. 내가 칠판에 숫자를 써서 시계를 가르치는 것을 우선으로 여기기보다는 모든 상황에서 자연스럽게 시간의 개념을 알아가게 돕는다. 바로 시간의 흔적이 있는 곳을 찾아가면서 생활 속에서 시간의 흐름을 자연스레 익혀 간다. 아침에 해가 뜨는 것을 보고, 저녁이 되기 전 노을이 지는 것을 본다. 밤에는 어두움을 맞이하며 시간의 개념을 안 후 시계를 보며 구체적으로 배운다. 끊임없는 반복을 한다.

그리고 아침에 씻을 때도 화장실 사용 시간을 정한다. 그 시간에 맞게 질서 있게 움직여야 한다는 것을 알려주면서 이때 나도 동참한다. 줄을 서서 한 사람씩, 한 사람씩 씻을 수 있다는 것도 배운다. 서로가 서로를 기다려준다. 그렇게 순서를 배운다.

"예지 쉬 마려워? 엄마는 나가 있을까? 여기 있을까?"

그러면 예지가 때마다 다르게 대답한다.

"나가요."

"여기 있어요."

그리고 또 이렇게도 말한다.

"엄마, 해 주세요."

"머리에 수건 묶어줘요."

우리는 이렇게 서로 필요한 부분을 스스럼없이 나눈다.

철저하게 내 중심이 아닌 아이 중심의 삶을 홈스쿨링과 함께 시작했다.

훗날 내가 우리 친정 엄마처럼 먼저 떠나도, 예지 곁에 내가 없어도 살면서 존중받는 아이가 될 수 있게 나는 나부터 내 아이의 결정을 존중해 주기로 했다. 분명 훗날, 어쩌면 가까운 날에 예지가 남을 존중하는 인성을 지닌 사람다운 사람으로의 성장을 보일 것을 믿는다.

존중받은 아이가 남을 존중하는 인생을 살 수 있다는 것을 믿고 기다리며 나는 예지와 동행한다.

그리고 오늘도 나는 잠이 들려 하는 아이를 보며 내가 만든 이 노래를 들려준다.

우리 예지 예쁜 예지

엄마 아빠 귀한 딸

착하고 착하고

예쁘고 예쁘고

감사하고 감사하고

사랑하고 사랑하고

나누고 나누고

아름답게 살아요

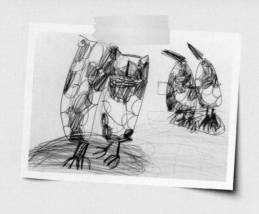

사랑하는 눈으로 보고

사랑하는 마음으로 듣고

사랑으로 말하자고

이 말을 아이에게 전하며

오늘 하루의 시간을 믿음으로

봅니다

듣습니다

말합니다

온전한 두려움 없는 사랑을

아이를 위한 기도

(주)마음새

성장하는 아이
& 성숙해지는 엄마

나를
만들어 가기

홈스쿨을 시작하며 '조이쿨'이라는 이름으로 지방의 각 지역을 투어 하는 일이 종종 있었다. 어느 아이들과 다름없이 예지도 그 지역의 아쿠아리움이나 동물원과 식물원 등, 자연과 동물들이 있는 곳에 가길 원했다. 그래서 동물들을 많이 보러 다녔고 11살이 된 지금도 "엄마, 아쿠아리움 가고 싶어요!"라며, 기분 좋게 말하는 예지의 목소리를 듣곤 한다.

원래 예지는 그렇지 않았다. 처음부터 직접적으로 동물에 관심을 보이지 않았다. 동물원에 가자고 하고선 막상 가면 동물을 보는 게 아니고 주변에 설치된 다른 시설물이나 하수구 맨홀 안을 들여다보기에 바빴다. "예지야 여기 사자 볼까?" 하며 동물을 보자고 하면 오히려 도망만 다녔다. 그때가 다섯 살에서 일곱 살 사이 즈음이다. 어쩌면 입장료 본전도 못 뽑는, 돈이 아까운 하나마나한 선택이었다고 할 수도 있겠다. 예지는 동물원에 가서 정작 동물에는 아무런 관심도 갖지 않고 문제 행동만 하는 아이였다. 그러나 매번 "예지야 엄마랑 어디 갈래?"라고 물으면 예지는 거의 대부분 동물원을 선택했고, 9살이 되어서는 좋아하는 동물 이름을 말하고 스케치북에 그림을 그리기 시작했다. 그린 그림을 가위로 오려서 예지의 책가방에 간직하고 "이건 예지가 만든 정말 소중한 작품이네~"라며 칭찬을 아끼지 않았다. 그래서 그런 걸까? 예지는 자신이 만든 작품을 하나하나 살피고 잘 간직했다. 그런 아이를 보며 이제 예지가 기억한 사물을 연상하고 자기 방식대로 표현하여 만들 수 있구나, 감정을 있는 그대로 느끼고 내 것이라는 개념이 생겼구나, 내 것의 소중함을 알아가는구나, 라며 감동을 받았다.

어느덧 11살이 된 예지는 이젠 주변에서 동물 박사님이라고 할 만큼 각종 동물의 이름을 새롭게 만들어 내기도 하고, 한 번 들은 이름은 정확히 기억하고 있다. 얼마 전 갈기 늑대 사건이 기억난다.

2018년 겨울방학 때 섬에서의 일이다. 그날도 동물 책을 보고 동물을 그리던 예지가 스케치북에 '갈기 늑대 배 타고 보러 가요.'라고 썼다. 난 갈기 늑대라는 이름을 처음 들었다. 그게 무슨 동물이지, 싶어서 "예지야, 갈기 늑대? 갈매기와 늑대?"라고 물었다.

그랬더니 함께 시간을 보내고 있었던 친구가 나에게 이렇게 말했다.

"어머, 어쩜 좋아, 도저히 이상해서 검색을 해봤는데, 내가 이럴 줄 알았어."

"왜? 뭐가?"

"정말 있어, 갈기 늑대!"

우리는 너나할 것 없이 박장대소를 했다. 친구는 화장실에 다녀오며 혹시나 해서 진짜 갈기늑대가 있는지 찾아봤다면서, "예지가 진짜 동물

박사네, 예지 최고다! 엄마랑 이모가 미안해~ 우리가 못 알아들었네. 아이구~ 예지가 엄마보다 낫다!"라고 말했다. 예지는 "으이그, 이제야 다들 안 거야?"라는 표정을 지으며 웃는 게 아닌가.

정말이지, 어쩌나 놀랍던지. 예지가 어느덧 이렇게까지 성장했구나, 싶은 마음에 너무 대견하고 기뻤다. 갈기늑대를 못 알아들은 엄마로서 살짝 미안했지만 난 정말 기분이 좋았다. IQ 지능이 떨어지는 발달장애인이어도 재능이 없는 건 아니다. 갖고 있는 재능을 발휘하여 지능을 올릴 수 있다는 걸 증명한 듯한 기분이었다. 엄마 입장에서 예지가 전문 지식인이 된 것 같아 기특했다. 자식으로부터 느끼는 대리 만족이란 이런 것일까. 기쁜 감정의 소용돌이 안에서 나는 그저 감사했다. 이 모든 과정이 흔히 말하는 '자폐스펙트럼'이라고 할지라도 문제 행동으로 여기며 힘들어하기보다는 아이의 작은 표현 욕구에도 잘 반응하고 들어주는 엄마이고 싶었다. 다행히도 아이가 하나라서 그런지 이런 일이 가능했다.

나는 예지가 반드시 성장할 거라 믿었다. 그렇게 한걸음씩 자존감이 회복되며 호기심이 생기고 변화하는 아이의 표현을 최대한 존중할 수밖에 없었다. 자폐성 발달장애인 예지가 나와 더불어 세상과 소통하기를 원한다는 것을 알게 되었기 때문이다.

나는 예지가 원하는 대로 바로 들어줄 때도 있었지만, 약속이라는 개념을 알려주기 위해서 새끼손가락을 걸고 "우리 약속하자!" 하며 예지가 날짜를 정하고 기다릴 수 있도록 도와주었다. 늘 미소를 띠며 상황을 긍정적으로 이해하고 받아들이는 딸을 보며 가족들과 지인들에게 예지의 손짓과 말, 작은 바람에 귀 기울여 주기를 요청했다. 조이쿨은 점점 공동 육아의 형태를 갖춰 나갔다.

이때가 맘스라디오 〈예지맘의 괜찮아 시즌2〉를 마칠 때쯤이었던 것 같다. '발달장애인의 성과 이성 교제'라는 주제를 기획해서 총 10편으로 다뤘었는데 시즌1 팟캐스트 방송 때와는 성격이 조금 다른 형태였다. 맘스라디오를 온라인 채널로 볼 수 있는 방송을 기획, 진행하며 시즌2는 발달장애인의 성이라는 주제를 중심으로 사회 인식 개선에 좋은 토대가 되기를 바랐다.

그리고 이에 앞서 발달장애인의 생애 주기에 걸친 삶을 생각하며 기도하던 중, '사랑이라는 감정이 발달장애인에게는 없을까?'라는 물음을 던져보았다. 왜 발달장애인 커플은 젊음의 거리에서 거의 보이지 않는지, 이들은 다 어디에 있는 건지 궁금했다. 생각해보면 그렇지 않은가? 누구나 사랑을 받을 수 있고 그 사랑을 줄 수 있으며 마음에 드는 이성을 보면 기분 좋은 설렘을 느끼기도 한다. 사랑이라는 감정과 욕구는 생명이 있는 한 계속 느껴지는 건데 말이다. 발달장애인과의 의사소통 능력은 장애 정도에 따라서 다를 뿐이지 교제가 불가능한 일은 아닐 텐데, 왜 유독 발달장애인은 사랑을 자유롭게 하지 못할까?

예지가 8살 때 즈음에 잠깐 대안 학교에 입학해서 1년 동안 학교 생활을 한 적이 있었다. 예지는 또래 아이들과 사회성을 발휘하며 원활하게 지내지는 못해도 A군 B군 C군 등, 남자친구들도 있었다. 물론 이때까지만 해도 언어소통에는 많은 어려움이 있었지만 적어도 친구들을 밀어내고 거부하는 행동을 보이지는 않았다. 그것을 보며 더욱 확실하게 느꼈다. 발달장애인이 이성 교제에 대한 적절한 관계를 책임지지 못한다 해도 그건 꾸준하게 교육해야 할 부분이지, 섣불리 판단할 일이 아니라는 것을 말이다. 보통의 이성 교제와 연애의 기회는 주어져야 하는 게 맞는 것일 텐데, 무엇이 나이가 들수록 이들의 이성 교제를 막고 있는 것일까? 발달장애인은 의사소통의 장애로 인하여 사회성이 낮다는 이유로 많은 시간을 투자하여 인지발달 치료를 하고 수많은 사회성 프로그램에 참여한다. 그런데 정작 성인이 되어서는 교제가 이뤄지지 않는 이러한 일들이 매우 안타까웠다. 오히려 학령기를 보내고 나면 교제를 할 기회가 없어 외롭게 지내는 경우도 많다. 발달장애인에게는 설 자리가 없는 실정이다.

물론, 이러한 배경 속에는 발달장애인의 장애 정도와 가정환경에 따른 부모들의 고충이 있을 것이다. 발달장애인 딸이 있는 나 역시도 부모의 심정을 모르지 않는다. 발달장애인의 성폭력 피해 사례는 전체 장애인의 성폭력 피해 사례 중 78%*에 해당한다. 무엇이 염려되는지 충분히 알 수 있다. 내 자녀가 온전하게는 아니어도 사회에서 인간답게 살았으면 하는 마음, 내가 내 자녀보다 하루 더 살았으면 좋겠다고 바라는 마음, 같은 날 내 자녀와 함께 죽고자 하는 마음은 발달장애인을 자녀로 둔 거의 대부분의 부모님들의 심정이고 바람일 것이다. 특히 발달장애인 자녀를 둔 부

* 전국성폭력상담소협의회, 장애인성폭력상담소(23개)의 상담통계분석 보도자료(출처: 장애여성공감)

모는 죄인처럼 가는 곳곳에서 눈총을 받고 무시당한다는 것도, 자유롭고 편안하게 밖에서 외식 한번 하는 것도 어려워 자녀를 데리고 나오지도 못하는 실정도 안다. 나 또한 그랬다. 나 역시 내가 예지보다 하루 더 살기를 바라는 엄마였다. 그러나 나는 내 엄마가 60세가 되기도 전에 나보다 먼저 떠나는 모습을 지켜봐야만 했고 예지가 나보다 더 오랜 시간을 살 것이라는 사실을 인정할 수밖에 없었기에 그저 받아들였다. 그리고 이제는 예지도 누군가를 사랑했으면 좋겠다,라는 꿈 같은 생각을 한다. 예지를 사랑하는 이성친구도 만나고 남편도 잘 만나서 예쁘게 살았으면 좋겠다는 바람도 갖는다.

〈예지맘의 괜찮아 시즌2〉방송은 다시 시작하기까지 일 년 남짓의 공백 기간이 있었다. 그 시간 동안 늘 기도를 했다. 진정성을 담고 싶다는 생각에 고민이 참 많았다. 나는 누군가와 함께 방송을 이어가고 싶었지만 적임자를 찾기가 여간 쉽지 않았다. 그러나 그런 어려운 상황에서도 시간이 지날수록 잘될 거라는 믿음과 확신이 생겼다. 그런 마음으로 기다렸기 때문일까. 나는 성교육 전문가 조선영 씨를 만날 수 있었다. 너무나도 감사한 기회였다.

조선영 씨는 비장애인은 물론이고 발달장애인의 선생님이자 친구이다. 그녀는 발달장애인 기관에서 청소년에서 노인까지 16년간 성교육, 성폭행 예방 교육을 하고 있었다. 전 연령대의 발달장애인의 특징을 누구보다도 잘 알고, 발달장애인의 성교육과 관련된 연구와 워크숍을 진행하며 매뉴얼을 만든, 성폭력 상담사이자 발달장애인 성폭력 예방교육 개

발자이기도 한데, 7년째 성교육 강사 양성 교육 특수 교사를 맡고 있는 중이다. 그녀를 만나고부터는 어려움이 있던 극한의 상황에서도 사랑의 마음으로 사명감을 가졌다. 방송을 못 할 뻔한 우여곡절도 있었으나 기도하고 노력한 덕분에 사회 인식 개선과 함께 꼭 필요한 교육 콘텐츠를 만들어 낼 수 있었다. 그리고 오늘까지도 '발달장애인의 성'에 관련된 방송은 발달장애인뿐만 아니라 비장애인의 이성 교제와 데이트 코칭을 포함한 성교육의 교육 자료로 쓰이고 있다. 이것을 계기로 전국 특수 교사들로부터 사회복지사들 및 장애인 교육자에 이르기까지 앞으로도 발달장애인의 성교육에 관해서 계속 알려질 것이라 믿는다.

뜻깊은 일일수록 결과가 바로 드러나지 않고 과정이 수월하지 않다고 한다. 나 역시도 과정이 쉽지 않았지만 나의 고찰이 반드시 이 사회에 도움이 되길 바란다. 내가 아니더라도 누군가는 했어야 하는 일이었다고 생각한다.

맘스라디오 〈예지맘의 괜찮아〉를 통해서 전하고 싶은 메시지가 있었다.

"발달장애인도 사람입니다. 사랑하고 싶어요."

이런 메시지를 전함으로써 발달장애인도 사랑을 원하고, 사랑할 수 있으며, 충분히 좋고 싫음의 감정을 느끼는 사람임을 알리고 싶었다. 직접적인 주장을 하기 어려운 그들을 대신해, 이 세상에 인간으로 태어나 그들이 존엄적인 주권을 누릴 수 있도록, 그들의 존엄성을 드러내고 사회에 호소하고 싶었는지도 모른다.

그리고 성교육 전문가 조선영 씨는 나에게도 소중한 친구가 되었다.

그녀는 늘 방송을 할 때마다 나에게 말했다. "이 방송의 최대 수혜자는 예지 엄마, 민주 너와 예지일 거야." 마지막 방송 녹화 때 정말 그렇게 되었음을 실감했다. 내 아이를 위해서 시작한 일이 아닌데 결국 내가 제일 먼저 배우고 깨달아 예지에게 그대로 반영해 주고 있었던 것이다. 나는 더 이상 발달장애 치료에 크게 연연하지 않게 되었고 더할 나위 없이 잘 성장하고 있는 예지에게 고마웠다.

〈예지맘의 괜찮아〉라는 콘텐츠가 만들어지고 많은 강연을 하지 않았는데도 불구하고 만남과 활동은 활발하게 이루어졌다. 그러는 과정에서 참 많은 일이 있었고 배울 수 있는 기회도 생겼다. 그중 하나가 발달장애인의 생애 주기에 걸친 일반적인 라이프 스토리이다. 자기 의사결정권이 거의 없는 발달장애인의 모습과 사회에서 이들을 조력자로서 알맞게 돕고 있지 않다는 것을 묵도할수록 안타까움이 커져갔고 발달장애인 성폭력의 피해자가 가해자가 되는 실태와 수많은 낙태 사례를 접할수록 가슴이 많이 아팠다. 이들은 왜 이 땅에 태어나 무엇을 위해 살아가는 것일까? 이유가 무엇이길래 장애 수준의 정도가 경중에서 중증으로 심해지고, 의사소통이 어려울수록 외면당하며 민간시설에 보내지고, 가족이 흩어져 가정을 잃어버리는, 입에 담을 수 없을 만큼 비참하고 처절한 삶에 이르는 것일까?

이들의 삶이 이것이 전부는 아닐 텐데, 이게 전부는 아니어야 하는데, 라는 마음에 눈물로 기도하는 날이 많았다. 살기보다는 죽고 싶은 삶. 예지가 살아가는 세상의 다음 세대는 어찌해야 한단 말인가. 방법을 찾고 싶었다. 나도 어쩌다 엄마가 되었고 어쩌다 발달장애인 아이를 키우는 엄마가 되었는데 나는 여기까지 어떻게, 어떤 마음으로 왔을까 돌아보고 내가 무엇을 할 수 있을까 고민하기 시작했다. 그러던 어느 날, 이런 나의 간절한 마음에 공감해준 곳이 있었다. 남편이 지휘자로 있는 교회였다.

교회의 주차장에는 컨테이너 박스 두 개가 있었다. 때마침 좋은 생각이 떠올랐다. 나는 교회 주차장에 있는 두 개의 컨테이너 박스를 손으로 가리키며 목사님께 부탁했다.

"저기에 있는 컨테이너 박스를 쓸 수 있을까요? 발달장애인 아이들 학교로 해서 저기서 예배를 드리면 좋겠습니다. 목사님, 어떻게 생각하세요? 그렇게 하면 정말 좋을 것 같아요."

끝으로 교회 장로님과 이하 교역자, 관계자분들이 만장일치로 컨테이너 박스를 쓸 수 있도록 허락하길 바라며 기도해달라고, 나의 간절한 마음을 전했다.

그곳은 오래된 물건들을 보관하는 낡은 창고였다. 작고 작은 그 공간은 내가 보기에 최적의 공간이었다. 그 낡은 창고 컨테이너 박스에 나는 아이들을 위한 소망을 걸었다.

감사하게도 담임 목사님께서는 다음 세대 인재 양성을 위한 건강한 학교를 설립하겠다는 비전을 갖고 계셨고, 첫 시작으로 예지의 친할머니와 친할머니의 지인들, 내 지인들, 그리고 늘 함께한 조이쿨의 편안한 공동육아 형식의 교육을 원하셨다. 덕분에 컨테이너 박스는 '발달장애인 아이들도 다닐 수 있는 학교'라는 이름을 붙일 수 있었다.

그렇게 수레바퀴 학교가 시작되었다. 예지로부터 다시 시작된 학교! 사랑의 헤아림이 넘치는 안식처 같은 학교, 한부모 가정의 아이들과 고아, 발달장애인 아이들도 비장애 아이들과 즐겁게 등교하며 자기결정권을 행사할 수 있고 자조 능력을 키울 수 있는 학교! 생각을 자유롭게 표현하며 자연과 사람, 꿈을 소중하게 생각하는 대안 학교를 교회 집사님들과 함께 마음을 모아 작게 비인가로 시작하였다.

그러나 이 일은 나에게 눈물겹도록 감사한 일이기도 한 동시에 두려운 일이었다. 다시 대안 학교에 마음을 써야 하나, 라는 양가감정이 느껴졌기 때문이다. 다행인 것은 예지도 학교를 다니고 싶어 했고 모든 타이밍이 마치 기다리고 있었다는 듯이 알맞게 돌아가고 있다는 것이었지만, 그럴수록 나는 내 아이만을 위한 마음을 내려놓고 다음 세대의 아이들에게 믿음 안에서 건강한 삶을 살 수 있는 좋은 환경을 물려주고 싶다는 무거운 사명감을 느꼈다. 간절함에 눈물을 흘리는 날도 많았다. 나는 수레바퀴 학교가 영육간의 강건함을 위한 축복의 통로가 되길 바라며 헤아림의 마음으로 매달 감사 금식을 하기도 했고 지금도 늘 기도한다. 나의 행동이 누군가에게 따뜻한 등불이 되길 소원하며 어린 시절 잃어버렸던 블루그린의 푸른 꿈을 찾게 되었다.

"사랑이 '답'입니다"는 수레바퀴 학교의 슬로건이다. 이렇게 오랜 세월 속에서 나는 어릴 적 순수했던 나눔의 사랑을 만나고 잃어버렸던 나를 다시 찾게 되었다. 예지는 어쩌다 엄마가 된 나를, 예지의 순수한 마음을 닮고 싶은 엄마가 되게 도와주었다.

내가 네게 물어본다

너는 꿈이 뭐니

네가 내게 말해준다

나는 꿈이 엄마

네가 내게 들려준다

나는 사람이 좋아요

나는 사랑이 좋아요

아이를 위한 기도

(주)마음새

암이라는
한계에 부딪힌 엄마

학교도 생겼고, 꿈도 되찾았다. 이대로만 지내고 싶었다. 보람되고 행복한 나날들이었다. 그런데, 불행은 너무나도 가혹하게 찾아온다.

피가 비쳤다. 생각도 못한 일이었다. 순간 불길한 생각이 스치고 지나갔다. "설마 내가, 우리 엄마처럼…?"

부랴부랴 산부인과로 달려갔다. 나는 그동안 그 흔한, 1년에 한 번인 정기 검진을 4년간 받을 새도 없이 바쁘게 살고 있었다. 그렇지 않아도 이번 해에는 산부인과 암 검사라도 꼭 해야겠다 싶었는데 이게 무슨 일인가. 정말 큰일이었다. 별일 아닐 거라고 생각하며 넘어갈 일이 아니었다. 학교도 이제 시작했는데, 지금 이런 상황이 닥치는 건 좀 아니지 않은가. 모든 징조를 부정하며 다른 산부인과를, 또 다른 산부인과를 찾아갔다. 그러나 결과는 하나였다. 자궁경부암이 되기 바로 직전이고, 몇 차례 수술을 하는 것이 가장 좋은 방법이라고, 그렇게 결론이 내려졌다.

하늘이 무너지는 것 같았다. 불길한 순간은 왜 이렇게 도둑같이 온단 말인가. 기가 막혔다. 도저히 유연한 사고를 할 수 없었다. '이게 무슨 날 벼락 같은 일인가요? 이건 말도 안 됩니다. 저더러 어떻게 하라는 건가요?' 하늘을 향해 눈물이 터져 나왔다. 이제야 나의 아픔이었던 예지의 장애를 감사하게 받아들이고 함께 꿈을 꾸며 기쁘게 살 수 있겠다 싶었는데, 눈앞이 캄캄해졌다. 청천벽력 같은 암종 소식. 아픔의 시간 속으로 또 다시 들어가야 한다는 사실과 앞으로의 일을 가족들에게 어떻게 설명해야 할지 걱정되어 마음이 무거웠다. 친정 엄마 생각이 났다. 소천한 엄마 생각에 눈물만 났다. 내가 모르고 있던 엄마의 아픔이 너무나도 갑작스레 내 안에 깊이 닿은 것이다.

엄마에게 미안해졌다. 엄마의 암이 다시 재발했을 당시, 엄마는 임파선암 3기였고 그때까지만 해도 나는 예지의 자폐 치료에 열을 올리고 있었다. 엄마에게는 아무렇지도 않게 "괜찮아, 괜찮아!" 하면서 한 번도 눈물을 보이지 않고 자식 된 도리를 다해 간병했다고, 엄마가 원하는 모든 것을 다 해드렸다고 생각했다. 그런데 엄마와 같은 상황에 처하고 돌아보니 나는 효녀가 아니었다. 엄마의 무거운 짐을 덜어드리고 할 수 있는, 그 이상을 다 해드렸고, 상처를 보듬으며 사랑해 드렸다고 생각했는데 그게 아니었다.

얼마나 외로웠을까, 얼마나 괴로웠을까, 얼마나 아팠을까. 이젠 볼 수도 없는 엄마에게 너무 미안했다. 그래서 더 가슴이 저미도록 아팠던 것 같다. 다시는 만날 수 없는 엄마. 그리운 엄마 생각에 유일하게 받은 단

하나의 유언서를 부여잡고 남몰래 펑펑 울었다. 순간 모든 것이 너무 허무했다. 죽을 것 같다는 생각이 들어서가 아니다. 내가 여기서 무너지면 온 힘을 다해 지켜왔던 이 가정, 예지 네는 사라지는 것이었다. 특히 시아버지가 소천하시고, 근근이 기도하며 사는 날까지 살아보겠다 하시는 시어머니, 내게 친정 엄마의 몫까지 살아주시는 시어머니에게 나의 암 소식으로 두 번의 아픔을 안겨드리고 싶지 않았다. 이제야 가족들의 상처가 조금씩 치유되고 있는데….

그러나 소식은 알려야 했다. 난 일부러 가족과 더 당당하게 대면했다. "나 이 정도면 정말 빨리 발견한 거고, 수술하면 괜찮대요." 최대한 빨리 수술을 받을 수 있도록 병원 스케줄을 잡자고 가족들에게 말했다. 다들 놀라는 분위기였지만 정말 다행이라며 나를 다독여주었다. 그 따스함이 정말 감사하면서도 한편으로는 외로웠다. 이 시련을 어떻게 극복해야 한단 말인가. 그리고는 이럴 게 아니라 앞으로 정기 검진을 받는 것이 좋을 것 같아, 충무로에 있는 J병원에 수술 일정을 잡은 상태에서 30년 지기 친구에게 내 사정을 털어놓았다. 친구는 슬퍼하지 말고 상황을 똑바로 직시하자며 나를 격려해 주었고, 친구의 도움을 받아 나는 건강관리협회에서 하는 건강 검진을 받을 수 있게 되었다.

다른 검사는 모두 다 수월했다. 그러다 유방 초음파를 보는데 기다리던 친구가 고개를 갸웃했다.

"민주야, 무슨 유방 초음파를 22분이나 보지?"

그때까지만 해도 나는 별 생각이 없었다. 그러다 집에 돌아와 한숨을 내쉬며 샤워하던 도중, 머릿속에 순간 스친 장면이 있었다. 5년 전 어느 의원에서 받았던 유방 초음파 검사 결과 사진이었다. 머릿속이 새하얘졌다. 자궁에도 문제가 있는데, 설마 유방에도 문제가 생긴 걸까. 더는 큰일이 없길 바라는 마음뿐이었다.

검사 결과를 기다리는 일주일이 나에겐 너무 길게 느껴졌다. 초조한 마음에 결과를 최대한 빨리 알 수 있었으면 좋겠다고 담당 의사 선생님께 말씀을 드렸다. 자궁 수술 일정이 잡혀 있었던 터라 최대한의 도움을 받아 유방 초음파 결과를 빨리 확인할 수 있었는데, 아니나 다를까 문제가 생겼다. 세포 검사와 조직 검사를 해야 한다는 것이다. 이쯤 되니 정신을 차릴 수가 없었다. 나 이제 어떻게 하지, 나 이제 어떻게 되는 거지? 매일매일이 선물이라고 믿으며 감사하는 마음으로, 어떤 상황 속에서도 원망하지 않고 그저 묵묵하게 나를 내어놓고 살아온 것의 결과라고 하기에는, 너무나도 비참한 상황이었다. 애정하며 애쓴 모든 노력이 물거품이 되는 순간이었다. 그러나 나는 비참하고 처참한 기분에 사로잡혀 있을 수만은 없었다. 내가 하고 있는 일들, 나를 믿어주는 사람들의 얼굴이 떠올랐다. 내가 무너지면 그들도 흔들릴 것이다. 최대한 담담하게 내 현재의 모든 상황을 주변에 알리기로 했다.

그러나 늘 마음먹은 대로 살 수 있다면 얼마나 좋을까. 마음이라는 것은 단번에 사로잡을 수 있는 것이 아니다. 일어서려고 하는 상황에서도 자꾸만 눈물이 났다. 자꾸만 나약해지는 마음에 하나님께 얼른 데려가 달라고 오열하기도 했다. 더는 살고 싶지 않은 간절함이었다. 감당할 수 없는 순간이 나에게 깊이 닿은 것이다. 자궁암과 유방암을 내가 다 짊어져야 한다는 생각에 마음이 너무 무거워졌다.

다른 병원에 가서 검사를 받아보았다. 그곳에서 부분 절제가 아니라 전절제를 해야 하는 다발성 유방암이라는 진단을 받게 되었다. 일정을 잡기 어렵기로 소문난 서울 S병원에서 암 수술 일정이 잡혔다. 가족을 포함한 주변 사람들의 응원이 이어졌다.

"정말 대단한 은혜다, 이건 하늘이 도우신 거야."

"민주야 힘내. 넌 할 수 있어!"

"네가 꼭 이겨내면 나중에 나에게도 이런 일이 생길 때 용기를 낼 수 있을 것 같아."

"부디 견뎌줘."

내가 하루 빨리 낫기를 기도해 주시는 모든 분들이 한 목소리로 나에게 마음을 전했다. 내가 이 일을 잘 받아들이고 무사히 지나가길 기도해 주셨다. 그러나 나는 모든 힘을 잃은 상태였다. 말할 수 없는 탄식과 두려움에 괴로웠다. 이 마음을 정리하지 않으면 무너질 수도 있겠다 싶어서 가족과 교회 집사님들에게 도움을 요청하고 집을 나섰다. 기도와 말씀은 감사하지만 적어도 내가 원하는 건 이거예요, 라고 강하게 말하고 싶었던 것 같다. 그런데 아침 기도 중에 하나님의 말씀이 레마*로 들렸다.

"내가 너를 자유케 하리라. 진리가 너희를 자유케 하리라."

* 깨달은 하나님의 말씀.

로고스*의 말씀이었다. 신비에 가까운 음성이 마음 깊은 곳에서 들렸다. 이후에 알게 된 사실인데, 이 당시 남편의 기도 가운데에도 이미 성령님의 음성이 있었다고 한다. "내가 어떻게 하는지를 너는 보아라."라는 음성이었다고 한다. 이 무슨 거부할 수 없는 가혹한 은혜인가.

그때, 문득 떠오르는 게 있었다. 몸에 상처 자국을 내고 싶지 않은 마음에, 수술을 피해 친구와 함께 강원도로 2박 3일의 여행을 잠깐 다녀온 적이 있었는데 그곳에서 우연히 만난 세바스찬 김 선생님과 지안 회장님께 들었던 위로의 말이었다. 세바스찬 김 선생님은 미국에서 본인 아버지의 암 수술을 한 경험이 있는 암 치료 전문인이었고, 한국에서 말기 암 환자분들과 함께 생활하고 계셨다. 그는 내 안에 우주가 있다고 말씀하시며 결국에는 내가 믿는 대로 될 거라고 하셨다.

정선에 있는 로미지안 가든을 산책하던 중 우연히 만나 내 암 소식을 들은 지안 회장님께서는 본인도 암을 겪으셨다며, 암은 좋은 환경 속에 살면서 좋은 음식을 먹고 뜻 깊은 일을 하며 아예 잊어버려야 한다고 조언해 주셨다.

그 두 분의 말씀이 다시금 내 마음을 두드렸다. 아프고 슬프겠지만 아주 깨끗하게 다 잘 될 거라며 말씀해 주신, 속초에 계시는 존경하고 사랑하는 사모님의 음성도 떠올랐다. 이제 이 상황을 정리하고 결정을 할 때가 왔구나 싶었다.

* 헬라어로 이성, 숙고, 말씀 등으로 표현되며, 즉 하나님의 말씀.

이와 같은 마음이 들었던 날 우연히 읽게 된 글이 있었다.

가난한 집일지라도 마당을 깨끗이 쓸고, 가난할지라도 여자가 머리를 곱게 빗으면 외
란과 외모가 화려하지 않아도 품위가 우아할 것이다. 훌륭한 사람이 가난하고 불행해
지더라도 어찌 자기 스스로 피폐해지고 해이해 질 것인가.

-채근담 중에서

상황이 힘들어지고 가난하더라도 자존감을 잃지 말고 몸과 마음을 바르게 하고 주변을
깨끗이 하여 새로운 행운을 맞을 준비를 해야 합니다.

-조세현(작가)

한결 단단해진 마음으로, 나는 수술 일정을 일주일 남겨두고 잠시 여행을 떠나기로 했다. 10살 예지를 가족들과 교회 집사님들에게 맡기고 친구가 운영하는 펜션이 있는 섬으로 가기 위해 대이작도행 배를 탔다.

예지가 태어난 이래로 처음으로 혼자 갖게 되는 시간이었다. 비록 현실의 아픔 때문에 슬프더라도 자유를 만끽할 수 있는 시간이 될 것 같았다. 만감이 교차했다.

나는 〈예지맘의 괜찮아〉의 주인공이 아니던가! "괜찮다!"의 아이콘, 오민주 아니던가!

배를 타는 날 친정 아버지에게서 문자가 왔다.

아는 사람이 있어 다행이구나. 차 조심하고 내 몸 하나만 생각하고 다른 거 다 잊어버려라. 아빠 시간 나는 대로 우리 딸 기도 많이 해줄게. 내 딸은 정신이 건강해서 어떠한 병도 어떠한 일도 극복할 수 있을 거라 아빠는 생각한다. 사랑한다, 딸.

사랑했던 아내를 먼저 떠나보내고 세월의 무상함 속에서 많이 외로우셨던 아버지였다. 나는 아버지의 기도 하나로 산산조각 난 나의 마음을 다시 볼 수 있었다.

그리고 또 하나의 문자. 사랑하는 시어머니의 메시지였다. 당신도 지금 괴로울 텐데 더 큰 힘을 내어서 나에게 이와 같은 사랑을 전해주셨다.

더 큰 바다로 나갈 수 있다. 큰 바다에 나갈수록 항해사의 진짜 솜씨가 필요합니다.

더 이상 절망을 길게 안고 갈 수 없게 만드는 이 두 분의 결정적 메시지에 나는 마음을 바꿨다. 내가 믿는 하나님을 더 신뢰하겠다는 다짐이 선 것이다. 그런 생각에 이르자 내 입에서 암을 축복한다는 눈물의 기도가 나왔다. 나의 몸 속 암종들에게 축복하는 기도를 할 수밖에 없었다. 6개 악성 종양이 모두 축복받기를, 나의 기도를 통해서 모든 것이 좋은 방향으로 흘러가기를 다시 믿음으로 기도하며 섬에 도착했다.

섬은, 가족들과 예지와 떨어진 공간이었다. 대이작도의 깨끗한 자연환경 안에서 나는 금세 편안함을 느끼기 시작했다. 그곳에 머물고 있었던 아이들 엄마에게 흰 소라 껍데기를 선물 받았다. 그녀는 흰 소라 껍데기를 건네주며 나에게 이런 말을 했다.

"선생님, 지금은 이것밖에 드릴 것이 없어요."

내 사연을 듣게 된 엄마의 진심이 담긴 선물이었다. 가슴이 울렸고 그 어떤 것보다도 깊은 위로가 되었다. 어떠한 것도 바랄 수 없는 내 상황에서 깨끗한 마음 한 줌을 선물로 받은 것이다. 몸과 마음이 절로 깨끗해지는 듯한 기분이 들었다.

또 어느 날은, 22살의 청년과 만났다. 그 청년은 친구의 조카였는데, 3년 동안 그림을 그리고 싶었지만 그림을 그릴 수 있는 동기가 부족했다. 그는 나의 도움을 필요로 하고 있었다. 그 만남이 있기까지 오랜 시간 바라던 일이었기에 나는 정말 감사했다. 그래서 더 반가운 마음으로 청년과 마주할 수 있었다.

청년에게는 컬러리스트나 색채심리사 선생님으로 만나기보다는 이모가 되어주고 싶었다. 이 청년에게 있었던 그동안의 이야기를 들은 후 그림을 그릴 수 있게 모든 재료를 다 제공해주고 함께 그림을 그렸다. 우리는 그린 그림을 보면서 마음속 이야기를 이어나갔고 서로에게 감사의 인사를 나누었다. 그리고 덕분에 난 10년 만에 기쁜 마음으로 색채 성화를 다시 그릴 수 있었다. 결국 내가 위로하러 갔다가 위로를 받은 격이 되어버렸다. 평생 잊지 못할 순간이었다. 감사의 마음이 움직이기 시작했다. 우리가 서로 이런 얘기를 나누었다는 것 자체가, 이 모든 과정이 기적임을 느꼈다. 성화를 그릴 수 있도록 허락된 시간은 나에게 선물이었다.

청년과 나는 마지막으로 이런 말을 나눴다. 앞으로 살아야 할 이유를 찾을 수 있게 서로 기도하자. 사실 우린 이미 살아야 할 이유를 알고 있었는데 말이다.

정말 그리고 싶었던 색채 성화는 그렇게 만들어졌다.

그렇게 사람들을 만나며 나는 서서히 내가 가야 할 길을 정리하고 받아들이고 있었다. 그러던 어느 날 또 생각지도 못했던 일이 불쑥 찾아왔다. 아무도 없는 길을 혼자 걸으며 이어폰을 끼고 찬양을 부르고 있었는데, 어디서 나타나셨는지 50대 후반의 중년 남성분께서 자기가 너무 좋아하는 찬양이 있는데 혹시 불러줄 수 있겠냐며 부탁을 하시는 것이었다. 정말 꼭 찬양을 불러 주었으면 좋겠다는 표정으로 바라보기에 나도 모르게, 겁도 없이 "네!"라고 대답하며 그 분이 원하는 대로 해드렸다. 그런데 그 찬양을 부르며 내가 더 감동을 받아버렸다. 마치 누가 무대에서 모든 상황을 연출해 주는 것 같은, 꿈 같은 느낌이었다. 영화 속의 주인공이 된 느낌이었달까. 타이타닉 영화에 나왔던, 바닷속으로 타이타닉호가 잠기기 직전 웰레스 악단이 연주했던 곡이 떠올랐다. 정말 다시는 경험할 수 없을 것만 같은 신비와 감동의 무대였다.

예정된 것 같은 우연스러운 만남이 계속되는 와중에, 또 하나의 만남이 있었다. 사랑하는 친구이자 요리 연구가인 주연 선생님과 섬 살이 중이었던 한부모 가정의 엄마와 함께 눈물을 흘리며 나눔의 시간을 가질 때쯤이었다. 초등학교에 다니는 아들이 둘 있고 사업도 하는 30년 지기 워킹맘 친구가 나를 찾아온 것이다. 열일을 제치고서, 감당할 수 없는 슬픔에 놓인 나를 보러, 한 번도 배를 타본 적이 없지만 용기 내어 섬으로 왔다고 했다. 사랑의 힘이었다. 감동을 하지 않을 수가 없었다.

그렇게 일주일의 시간이 지났다. 결혼 전으로 돌아간 것처럼 자유롭게, 아무 일 없이 사랑하는 사람들과 일주일을 보냈다. 그리고 나는 다시 현실로 돌아왔다. 이제는 감당할 수 없을 것만 같았던 모든 상황을 잘 정리하고 받아들여야 할 시간이 찾아왔다.

"예지 엄마 힘내요!"

"민주야 힘내라!"

"하나님이 너와 함께 하신다!"

"기도할게요!"

주변에서 응원의 말이 쏟아졌다. 혹 그게 말뿐이었어도 그것은 나에겐 사랑이었다. 수술하기 직전까지도 나는 병실에 결코 혼자가 아니었다. 금식하며 함께해준 친구들이 있었다. 금식하는 동안 발달장애인 20대 청년을 자녀로 둔 엄마와 눈물을 흘리며 대화를 나눈 적이 있는데, 그 대화마저도 나에게는 큰 위로였다. 아직까지도 모든 것을 뿌리치고 싶은 심정이 컸지만 이제는 유방암 수술을 해야만 한다는 사실을 부정할 수도, 부인할 수도 없게 되었다. 그렇게 마음을 다잡자 결국, 내 안에 거세게 몰아치고 요동치던 마음은 어느덧 잠잠해졌다. 그 전까지 가혹한 은혜라 외치던 나의 심정을 누가 알까.

현실을 받아들이기로 한 후 마음을 부여잡고 소천한 시아버지처럼 따뜻하고 자상한, 때로는 용광로의 불 같지만 때로는 은은한 촛불 같은 담임 목사님께 문자를 드렸다.

하나님은 있던 것도 없게 하시고 없던 것도 있게 하심을 믿습니다. 기도 부탁드립니다.

목사님도 아멘, 나도 아멘이었다.

내가 그토록 믿고 기도하며 고백한 선물의 날에. 나의 생일날, 오른쪽 유방이, 예지가 태어날 때부터 지금까지 전부라 믿고 소중하게 여기던 가슴 한쪽이 잘려 나가는구나, 없어지는구나. 그런 생각에 마음이 아려 오는 동시에 예지, 가족과 친구들, 나를 생각해 주시는 모든 분들이 부디 나와 같이 많이 아프지 않기를 바랐다.

나는 환한 미소를 지으며 휠체어를 타고 수술실로 향했고 차디찬 수술대에 올라 몸이 끈으로 꽁꽁 묶여지기 직전, 나를 향해 기도해 주시는 모든 분들의 바람이 꼭 이뤄지길 소망하며 평안한 마음으로 눈을 감았다.

"제발, 부디요."

나에게는 그 말이 전부였다.

시나브로, 운명같이 정해진 6월 29일. 내 생일에 편안한 마음으로 수술대 위에 올랐다.

그렇게 모두가 나를 지켜보는 가운데 떨림의 세 시간이 흘러갔다. 눈을 떴다. 나는 어떠한 육체적인 고통도 없이 정말 가볍게 눈을 떴다.

너무 외롭고 괴롭다고 생각했었는데 "민주야!"라며 반갑게 불러주는 목소리가 들렸다. 나는 혼자가 아니었다. 내 앞에는 가족이 있었고 친구가 있었다.

두려움과 절망에 죽을 것 같았던 나는 2018년 6월 29일에 비로소 다시 태어났다.

학교 집사님들이 나에게 말씀해 주셨다. 예지가 엄마 기도했어요, 라고. "엄마 아프지 않게 해주세요."라고 했다고 한다. 그토록 간절했던 예지를 향한 나의 기도가 응답된 것이다. 예지는 사랑의 마음을 알고 진심으로 기도하는 아이가 되었다.

그리고 며칠이 지나 소천한 엄마를 대신해서 작은 엄마가 편지를 주셨다.

어린 시절부터 많은 걸 극복하고 승화시킨 네 삶을 들여다봤다.

한편으로는 가슴 아프고 자랑스러운 널 보고 뿌듯했었다.

또 다시 닥친 시련도 따뜻한 남편, 사랑스러운 예지로 인해 힘을 낼 수 있겠지?

하지만 마음이 약해져 세상에서 홀로 떨어진 느낌이 들 수도 있어.

나 또한 40대 첫 경험을 하고 회복하는 과정이 무척 힘들었거든. 다들 아픈 상처를 안고 살지만 본인에게는 퇴원하고 그 후의 회복하는 과정이 중요해. 이 또한 잘 견뎌내리라 믿고 너를 돌봐주시는 하나님의 손길이 힘이 되리라 믿는다.

2018.07.01
작은엄마가

엄마가 무척이나 보고 싶었던 나에게, 그 편지는 하늘에 있는 엄마가 토닥이는 선물 같았다.

곧 가족, 친구, 교회 식구들, 지인들, 이름을 모르는 사람들까지도 병실에 찾아오기 시작했다. 수술한 사람 맞냐며, 이건 말도 안 된다는 말을 들을 정도로 놀라운 회복을 보일 때쯤 맘스라디오 대표에게 전화가 걸려 왔다. "예지 엄마는 괜찮아요."라는 말을 전하자 대표는 안도의 숨을 내쉬며 우스갯소리로 "그곳은 병원이 아니고 수련회장이죠." 했다. 다 잘 될 거라 믿었다며 이제 회복의 시간을 갖길 바란다는 말과 함께. 내가 바라던, 모든 것이 좋은 방향으로 흘러가는 모습을 보는 것 같았다.

그러나, 나는 또 한 번의 상상도 못한 일을 겪었다. 봉합된 가슴, 상처 난 가슴을 다시 열어야만 했다. 찢어지는 가슴을 내가 봐야만 했다.

끝날 때까지 끝이 아니라고 했던가. 수술은 잘 되었고 임파선 쪽 일부도 제거하고, 아주 깨끗하다고 주치의께서 분명 말씀해주셨는데. 이게 또 무슨 일인가. 깨끗하게 낫기 위해서는 수술을 한 번 더 해야 한다고 했다. 설마 뭘 더 어렵게 할까 싶었다. 간단한 수술이라고 했고 마취 없이 진행한다고 했다. 아직 잘려진 가슴을 쳐다보는 것도, 오른쪽 팔을 들어올리는 것도 힘겨웠지만 간호사는 내 이름을 불렀고 나는 수술실로 들어갔다.

수술 시간은 45분이었다고 한다. 수술을 받으며 사라졌던 공황 장애와 호흡 곤란이 왔다. 45분간 정말 끔찍한 시간을 보냈다. 아무리 가슴을 절제하며 신경이 끊어졌다 해도, 그렇게 감각이 없어졌다 해도 그건 무뎌진 감각일 뿐이었다. 잘라낸 가슴 안, 뼈 쪽의 신경은 그대로 살아 있었다. 도저히 이성적으로 참을 수가 없었다. 나는 눈을 뜬 상태로 역한 피 냄새를 그대로 맡았다. 도무지 내가 사람으로 느껴지지 않았다. 의사는 가슴을 칼로 째서 열었고 기계가 벌어진 가슴을 누르고 단단해진 피 뭉치를 뜯어냈다. 강한 압박이 느껴졌고 고문 받는 것 같은 통증을 맨정신에 버텨내야 했다. 왜 연약한 내가 이런 일까지 겪어야만 했나. 나는 간호사의 손을 부여잡고 참고 있던 울음을 터뜨렸다. 있는 힘을 다해 펑펑 울었다. 내 고통의 몸부림에 간호사들도 함께 울었다. 더는 못 견디겠다고 속으로 울부짖었다. 그러나 나는 알았다. 이 일도 곧 끝날 것이라는 것을. 그리고 주치의께서 말씀하셨다. "이제 닫습니다. 곧 끝납니다." 떨어졌던 혈압은 다행히 다시 올랐지만, 불로 태워지는 것 같은 고통의 순간이었다. 끝까지 버텨야 했다. 그래, 이래야만 깨끗해진다.

공포스러운 고통의 45분이 끝나고 예지가 찾아왔다. 엄마가 보고 싶어서, 내가 괜찮은지 보려고 왔다며. 그러나 예지를 보며 "엄마 괜찮아~"라고 태연하게 말할 수 없었다. 나도 예지가 너무 보고 싶었지만 아이의 기억 속에 엄마의 눈물이 너무 깊게 남아버리면 훗날 아픈 상처로 남지 않을까 싶어 시어머니에게 말했다.

"돌아가 주세요. 저 지금 예지 못 봐요. 정말 죄송해요."

그렇게 예지를 다시 돌려보내고 오열했다. 나 스스로를 제어할 수가 없었다. 이런 상황에 어떻게 시어머니와 아이를 본단 말인가.

그렇게 한 시간이 흐르고 병실에 사람들이 오기 시작했다. 아무것도 모르는 남편의 첫마디는 "당신 몸은 어때?"였다. 무슨 말을 더 할 수 있을까. 눈물만 흘렸다. 내 몸이 어떤 상태인지 말로 설명할 수 없었다. 이미 나로 하여금 많이 힘든 사람이었다. 나는 아무 말도 하지 않았다.

사람들은 병원에서 최대한 쉬었으면 좋겠다고 나를 다독여 주었다. 내가 퇴원하면 쉬지 못하고 또 힘들지 않겠냐며. 모두 나를 위한 말들이었지만 그래도 난 이 병원을 나가고 싶었다. 나랑 같은 날 수술한 분들은 하나둘씩 퇴원 수속을 밟고 있어서 퇴원하고 싶은 마음은 더욱 간절했다.

그렇게 6일째 되던 날, 갑자기 봉합한 가슴 쪽 주머니에서 피가 샜다. 옷에 피가 흠뻑 묻었고 오전 회진 때 지정의 선생님께서도 계속 피가 나는 사실을 걱정하시며, 꼼꼼하게 볼 테니 어느 정도 경과를 보고 퇴원하자 했다. 일단은 압박 붕대 2개로 가슴을 둘둘 말아 있는 힘껏 조였다. 숨을 쉬기가 힘들었다. 그리고 말 못할 답답함과 싸워야 했다.

나의 소식을 접한 가족, 친구, 지인들 할 것 없이 모두들 거의 매 시간마다 와주었다. 나는 그들에게 병실에 있는 동안에 있었던 일들과 느꼈던 감정을 토해내기 시작했다. 했던 이야기를 또 하고 또 하며, 그렇게 말하고 숨을 쉴 수 있다는 것에 감사할 수 있었지만 그들이 돌아가고 난 후에는 다시 적막함만이 감도는 힘겨운 밤을 홀로 보내야만 했다. 그 시간 동안 함께해준 지인 선교사님의 팔을 붙잡고 병동을 걷고 또 걸었다. 붕대를 풀고 싶은 마음이 북받칠수록 더 답답했고 괴로움의 고통은 커져만 갔다. 숨을 쉴 때마다 고통스러웠다.

어느 날은 새벽에 목사님이 sns 메시지로 보내준 새벽 설교를 들으면서 고통을 견디며 새벽 늦게까지 잠을 이루지 못하다가 지쳐 잠이 잠깐 들었는데, 깨고 보니 오전에 문자가 와 있었다. 맘스라디오 공감톡의 박재연 선생님이었다. 새벽 기도를 하러 가는 길에 보았다며 십자가 동영상과 찬송이 첨부되어 있었다. 밤새 잠을 못 이룬 나에게 위로가 되는 선물이었다. 그리고 또 하나의 메시지. 『엄마가 되어 보니』 책을 출간한 출판사인 젤리판다의 홍승훈 이사의 글이었다. 내가 눈물 흘리던 모습이 떠올라 자다가 깨서 기도했다며 어서 회복하여 일상으로 안전하게 돌아오길 바란다는 메시지였다. 감사했다.

나는 유난히 아프고 나면 감사하게도 많은 사람이 꼭 그 아픔을 달래준다. 물론 아프지 않으면 더 좋겠지만 아픈 만큼 성숙한다고, 나 역시도 예외는 아니었나 보다.

퇴원 수속하는 마지막 날, 일본에서 비행기를 타고 발달장애인 자녀를 둔 오래된 인연 창혁 엄마가 말도 없이 찾아왔다. 기도를 하는데 안

올 수가 없었다며, 미소를 띠면서도 한편으로는 눈물을 보이기도 했다. 나무젓가락에 우리 가족 이름을 새겨서 선물로 꼭 전해주고 싶었다고 했다. 그렇다. 고통 가운데 나는 너무 많은 사랑과 정을 받고 있었다. 힘을 내야만 했다. 힘이 날 수밖에 없었다.

나는 11월 23일 또 한 번 있을 자궁, 난소, 나팔관 절제술을 위해 몸을 최대한 회복시켜 준비해야만 했다. 마음이 말했다. 이 또한 지나가리라.

이 또한 지나가리라

큰 슬픔에 거센 강물처럼

네 삶에 밀려와

마음의 평화를 산산조각 내고

가장 소중한 것들을 네 눈에서 영원히 앗아갈 때면,

네 가슴에 대고 말하라

"이 또한 지나가리라."

끝없이 힘든 일들이

네 감사의 노래를 멈추게 하고

기도하기에도 너무 지칠 때면

이 진실의 말로 하여금

네 마음에서 슬픔을 사라지게 하고

힘겨운 하루의 무거운 짐을 벗어나게 하라

"이 또한 지나가리라."

행운이 너에게 미소 짓고

하루하루가 환희와 기쁨으로 가득 차

근심 걱정 없는 날들이 스쳐갈 때면

세속의 기쁨에 젖어 안식하지 않도록

이 말을 깊이 생각하고 가슴에 품어라

"이 또한 지나가리라."

너의 진실한 노력이 명예와 영광

그리고 지상의 모든 귀한 것들을

네게 가져와 웃음을 선사할 때면

인생에서 가장 오래 지속된 일도, 가장 웅대한 일도

지상에서 잠깐 스쳐가는 한 순간에 불과함을 기억하라

"이 또한 지나가리라."

_랜터 윌슨 스미스

예지가 보고 싶었다.

퇴원하고 딸아이를 만나러 바로 수레바퀴 학교로 달려갔다. 예지는 조금은 낯선 시선으로 나를 바라보았다. 내가 어딘가 달라졌다는 걸 직감한 것일까. 이때까지만 해도 무엇인지 모를 어색함이 감돌았다.

짧다면 짧겠지만 나에게는 일 년같이 느껴졌던 기나긴 병원에서의 시간을 뒤로하고 집으로 돌아왔다. 집에 온 예지가 나의 없어진 가슴부터 찾았다. 그리고 예지는 보고 말았다. 없어진 한쪽 가슴, 피멍으로 얼룩진 상처 난 가슴을. 예지는 나 대신 흐느껴 울기 시작했다. 소리 내어 우는 아이를 보며 마음이 아팠지만 나는 눈물을 삼키며 예지에게 말했다.

"예지야, 엄마가 미안해. 속상해? 엄마도 아프고 속상했어. 근데 엄마는 괜찮아. 여기 하나 있잖아. 이쪽 봐봐. 왼쪽에는 젖이 있지?"

한참 울던 딸을 달래고 함께 놀다가 안고 재운 후 다시 나를 보았다. 위기의 순간은 지나갔지만 그 자리에 상처가 남았다. 내 몸도 마음도 많이 변해 있었다. 나는 이제 이런 모습으로 살아가야 하는구나. 한쪽 가슴이 없어진 채로, 겸허한 마음으로 더 이상 슬퍼하지 않겠다고 다짐하며 기도했다.

유방 절제 수술을 하면서 임파선의 일부분도 제거했기에 오른쪽 팔을 수술 전처럼 자연스럽게 움직이거나 쓸 수 없었다. 나는 친구에게 전화를 걸어 이제부터 한 달 동안은 자유롭게 움직일 수가 없다는데, 나랑 예지를 데리고 어디라도 가달라고 요청했다. 우리는 집에서 최대한 가까운 곳인 장봉도와 영종도 바다를 갈 수 있었다.

낮은 산을 오르고 바다를 보며 나의 모습을 돌아보았다. 그리고 날 위해 눈물 흘리며 온 마음 다해 금식 기도한 친구에게 이제 괜찮다고 말해주고 싶었다. 훗날 예지의 삶에도 나와 같은 위기가 찾아올 때 고통의 순간을 나누며 함께하는 친구들을 꼭 만났으면 좋겠다고 바라게 되는 순간이었다.

예지는 오늘도 그림을 그린다.

나는 컬러리스트이며 성화 작가이고 색채심리사이기도 하다. 딸아이가 그리는 그림을 보면 세밀하게 해석하고 평가할 수 있다. 그러나 섣불리 해석하거나 내 생각으로만 판단하지 않으려 무던히 노력했다. 내가 아는 지식이 아이를 평가하는 기준이 되어서는 안 된다는 것을 알기 때문이었다.

나는 예지에게 선생님이 되기보다는 엄마가 되기를 원했다. 그리고 훗날 아이에게 "우리 엄마는 안식처 같은 사람이었어." 라는 기억으로 남길 바란다.

확장된 시야, 같은 눈높이로 예지가 나를 바라봐주길 바라는 만큼 나도 예지를 바라보려고 노력했다. 서로의 생각과 바람을 그대로 받아들일 수 있길 바랐다. 그랬기에 가족들에게도 늘 예지의 생각을 들어주기를 부탁했고 무엇이든 과하게 하는 것 없이 차근차근 이어나갔다.

아이에게 때때로 엄한 모습은 보였으나 권위적이지 않으려 노력했고 헤아림의 마음을 놓치지 않으려고 부단히도 애썼던 것 같다. 아이를 통해 펼쳐질 선한 그 무언가를 믿고 눈물로 기도하며 기다린 것이 전부이다. 어리광도 부리고 이제 유일하게 하나 남은 왼쪽 젖을 너무 좋아하는 아이지만 버릇없는 아이가 아닌, 듣고 배려하는 사랑이 가득한 모습으로 성장하고 있는 모습을 보고 있노라면 흐뭇할 뿐이다. 누가 보아도 예쁘고 사랑스러운, 누구에게나 존중 받는 예지가 되었다.

홈스쿨(조이쿨)을 거쳐 예지로부터 시작되었던 기독교 중심의 교회학교인 수레바퀴 학교를 시작하고 더 사랑스럽게 커가는 것 같다.

예지는 10살 여름방학부터 확실하게 좋고 싫음의 표현이 확고해졌고, 예지가 좋아하는 것들이 확연하게 드러나기 시작했다. 그리고 호기심

투성이인 아이로 변해 있었다.

예지가 자기결정권을 쥐고 문제 해결 능력과 결정 능력이 생긴 후, 한글을 쓰고 읽고 말하고 싶어 한다는 것을 알게 되었다. 조금씩 스스로 노력하며 호기심을 갖고 궁금해 하는 아이가 대견했다. 실은 꿈만 같았다.

한참 예지의 발달장애 치료를 할 때 사람들이 나에게 물었다.

"예지는 뭘 좋아하나요?"

나는 그때마다 나의 기준으로 "예지는 먹는 걸 좋아해요."라며 웃어넘겼다. 그런데 지금 와보니 사실 나는 예지가 뭘 좋아하는지 잘 몰랐다. 이제는 예지에게 묻는다. 예지는 뭘 좋아해? 그러면 예지는 왼손바닥을 펴고 오른손가락으로 그리는 행동을 하며 직접 말한다. 그리기가 좋아요, 라고.

수술하기 전부터 주변 사람들이 이번만큼은 수술 후에 충분한 휴식이 있었으면 좋겠다며, 회복하는 시간을 갖길 바란다는 말을 전해주었다. 그러면서 이런 말을 덧붙였다.

"네가 진짜 좋아하는 것만 해! 예지도 이제는 학교도 다니고 하니까 오로지 너만 생각해."

물론 나에겐 쉽지 않은 일이었다.

그러나 늘푸른교육심리연구소 소장이신 이영주 교수님 말씀대로 명분이 생겼다는 것에는 공감을 했다. 이영주 교수님은, 이제 나만 생각하고 쉴 수 있는 명분이 생겼다고 하시며 편하게 살라고 다독여주셨다.

수술을 앞두고 뭘 해야 하나 싶어서 버킷리스트를 작성하려고 해봤으나 막상 해보니 결국 한 줄도 적지 못하고 덮어버렸다. 대신 평안해진 마음으로 두 번째 수술을 준비하고 회복을 소망했다. 나의 sns에 '암을 대하는 바른 마음가짐'이라는 주제로 '화목한 회복'이라는 해시태그를 달아 게시글을 올리기도 했다.

이젠 운동은 일상이 되었다. 체형 교정 운동인 필라테스와 내가 좋아하는 색채 공부를 계속 이어가기로 마음을 먹고 40대에는 국제 컬러 애널리스트 과정을 꼭 마쳐야겠다고 생각하며 준비하기 시작했다.

유방암 수술 후 마취가 풀려서 눈을 떴을 때, 제일 먼저 "화평케 하는 자 복이 있나니"라는 성경 말씀이 생각났고 이후 떠오른 말은 '화목한 회복'이었다. 이렇게 '화목한 회복'으로의 소망은 하루하루 나를 건강한 삶으로 이끌어갔다. 그렇게 시간은 지나고 마침내 40대에는 꼭 마치고 싶어 기쁜 마음으로 도전한 국제 컬러 애널리스트 1차 필기 시험에 합격했다. 정말 기뻤다. 다이돌핀이 온몸을 감싸는 것 같은 성취감의 희열이 솟구쳤다. 말씀을 믿는 삶을 다시 회복하고 있었다. 내가 배우는 모든 것이 나를 성숙하도록 가르치고 누군가를 채워나가길 바라며 조금은 여유있게 살아가겠다는 힘이 나를 변화시키고 있었고, 시간이 지날수록 몸은 점차 회복되고 있었다.

한편으로는 체질 건강식을 시작하며 나도 여느 암 환자들처럼 지냈다. 그동안 아무렇지도 않게 맛있다 여기며 먹었던 음식을 이젠 먹을 수 없다는 현실에 속상한 마음이 들기도 했다. 실은 지금도 그렇다. 나라고 왜 이것저것 원래 했던 대로 하고 싶지 않겠는가! 심지어는 이렇게 말하는 이들도 있었다.

"예지 엄마 진짜 오래 살겠어요!"

이런 말을 들을 때면 사실 농담이라고 해도 마음이 좋지만은 않다. 먹고 싶은 음식이 있어도 먹지 못하고 있는데 말이다. 나는 단지 내 건강을 위해 최선을 다하고 있는 것뿐이었다. 그런데 이럴수록 담당 주치의 한의사 선생님은 "되도록이면 외식은 하지 않는 것으로 하셨으면 좋겠습니다. 천연 자연식으로 드세요. 그리고 발효 음식이 좋을 겁니다. 색깔별로 골고루 드세요. 인스턴트 같은 화학 조미료가 들어간 음식을 드시는 것도 물론 피하셔야 하구요. 가공식품, 유제품, 육류 식사보다는 채소류와 콩, 생선류를 드시면 좋겠습니다."라고 하셨다.

알고 보니 나는 유독 암이 잘 생길 수 있는 가족력을 가진 몸이고 간 해독 기능도 현저히 낮았다. 상황이 이렇다 보니 예전처럼 어디 나가서 자유롭게 외식을 하는 것도 어려워졌다. 암 환자가 안심하고 식사할 만큼 먹거리에서 안전한 음식점이 거의 없다는 걸 알았기 때문이다. 결국 발효 음식 전문점에서 어떤 음식을 만들어 내는지, 나는 앞으로 어떻게 식단을 구성해야 하는지 고민할 수밖에 없었다.

아무리 찾고 찾아도, 암 환자가 정말 마음 놓고 건강하게 음식을 먹을 수 있는 식당이 몇 되지 않았다. 유기농 식당도 거의 없었고 직접 만들어서 먹지 않으면 안전성을 보장받을 수도 없었다. 이렇게 되고서야 알았다. 결국 자급자족이 살 길이라는 것을. 그러나 당장 자급자족은 어려운 실정이라 최대한 외식을 줄이며 몸을 지켜내야 하는 일에 최선을 다했고 도시락을 만들어서 다니기도 했다. 우선 소금, 된장, 간장, 고추장, 식초, 참기름 등 기본 요리에, 맛을 내는 기본적인 요소들까지 전부 방부제가 1%도 없는 유기농 천연 자연식으로 바꾸었다. 몸은 내가 느끼기에도 가볍다고 느낄 만큼 좋은 컨디션으로 변해갔다.

얼마나 컨디션이 좋아졌냐면, 두 번째 수술을 앞두고 그동안 기도해주셨던 분들과 만났을 때 다들, 암 수술이 아니라 성형 수술한 거 아니냐며, 어쩜 얼굴이 이렇게 좋을 수 있냐며 신기해 하실 정도였다. 나의 계속되는 일상의 노력 덕분이었다.

그러나 나에게는 피할 수 없는 나머지 하나의 숙제가 있었다.

이번에는 자궁, 난소, 나팔관 절제술이었다.

다시 마음을 잘 정리하고 휴식하며 몸을 추스리는 시간이 필요했다. 나는 어떤 일을 하든지 마음에 확신이 서지 않으면 절대 움직이지 않는다. 여러 가지 이유가 있는데 그중 가장 큰 이유는 어떤 일이 있어도 되도록이면 원망과 후회를 하고 싶지 않기 때문이다.

그런 이유로 수술을 앞두고 감사 기도를 하기 위해 기도원에 가야겠다고 하니 가족들 모두 찬성했다. 내가 갈 곳에 미리 다녀오신 시어머니는 나에게 정말 안전하고 좋은 곳 같다며 기도원에 다녀오는 걸 허락해 주셨다. 잘 다녀오라며 나를 붙들고 온마음 다해 기도까지 해주셨다. 덕분에 2018년 11월 23일 수술이 있기 전, 가평의 필그림 하우스로 감사 기도를 하러 혼자 떠날 수 있었다. 다시 담대해진 나는 가평에 온 김에 강원도를 조금 더 돌아보고 싶었고 어느 식당에서 1인 식사를 해준다는 말을 듣고 바람도 쐴 겸 강릉 근처에 발효 음식 전문점을 찾아갔다. 혼밥을 건강식으로 먹을 수 있도록 나만의 상을 차려주신 사장님께 정말 감사했다.

그런데 그게 다가 아니었다. 식사를 마친 후에 감사한 일이 또 펼쳐졌다. 나의 죽음을 미리 체험할 수 있는 임종 체험을 할 수 있게 된 것이다. 식당 건물 1층은 명상 체험을 할 수 있는 공간이었고 2층이 식사를 할 수 있는 곳이었는데, 사장님께서 나의 사연을 듣고서 1층에 닫힌 방문을 가리키며 날 도와주고 싶다고 하셨다. 어떻게 도와주시려는 걸까 싶어 방 안을 들여다보는 순간, 나는 정말 놀라지 않을 수 없었다. 방 한 편에 관이 놓여 있었고, 영정 사진을 찍을 수 있는 거울과 테이블 벽 쪽으로 장기 기증 서약서가 꽂혀 있었다. 테이블 위에는 유언서 종이와 비움의 항아리도 있었다. 이게 무슨 일인가 싶었다. 아직 준비가 되지 않은 일인데다가 내가 뜻하지 않은 일이었다. 이어 사장님께서 본인의 이야기를 해주셨다.

"네, 저도 그랬습니다. 젊은 시절 오랫동안 정치 생활을 하며 저도 암까지는 아니지만 많이 아팠고, 모든 것을 내려놓고 귀농할 수밖에 없었어요. 그러다 강릉에 살며 점차 회복되어 지금의 이 일을 합니다."

조금 무서웠지만 나를 돕고자 하는 마음을 가지신 분을 신뢰하기로 하고 한번 도전해 보기로 했다. 임종 체험을 하기 위해 어색한 미소를 지으며 영정 사진부터 찍었고 체험이 시작되자 사장님은 자리를 비워주셨다. 어색함도 잠시, 나는 어두운 방 안에서 이내 펑펑 울기 시작했다. 임종 예배 때 엄마가 관에 누워 있던 모습이 떠올랐고 나 역시도 지금 그 관에 들어가려고 준비하고 있다고 생각하니 슬퍼서 견딜 수가 없었다. 죽음 앞에 다다른 나를 보며 하염없이 울었다. 누가 와서 나를 좀 데리고 가줬으면 좋겠는데 이곳에는 누구도 와서는 안 되고 올 수도 없었다. 나는 가장 큰 아픔과 슬픔에 직면했다. 비움의 항아리에 나의 가장 소중했던 것을 적어 넣었다. 적으면서 보니 가장 소중한 사람은 바로 나였다. 나는 어느 누구도 아닌 나였다는 사실에 마음이 더 아팠다.

임종 체험의 시작으로 먼저, 유언서를 썼다. 엄마가 나에게 남겨둔 유일한 재산 유언서가 떠올라 더 가슴이 미어졌다. 엄마가 유언서를 쓸 당시 어떤 심정이었는지 알 것 같았다. 정말 누군가 내 글을 볼 수도 있겠다 싶어서 울면서 글을 써내려 갔다. 그리고 유언서 마지막 구절에 이렇게 남겼다.

"기도하고 믿으며 사랑하세요!"

무엇보다도 서로 뜨겁게 사랑할지니 사랑은 허다한 죄를 덮느니라. (벧전4:8)

나는 이와 같은 과정을 통해 이 가혹한 은혜의 헤아림을 알아가고 있었다.

유언서를 다 쓴 후에는 관에 들어가는 체험이 시작되었다. 관에 들어가 가만히 내 모습을 성찰해 보았다. 나는 그동안 나 자신을 사랑했다고 생각했는데 나를 더 귀하게 여기지 못했다는 것을 깨달았다. 그렇게 체험은 모든 과정이 끝났지만 나는 죽지 않고 살아 호흡하고 있었다.

사장님이 다시 방으로 들어오셔서 내 앞에 있는 벽의 작은 창문 하나를 열었는데 빛 한줄기가 강하게 나를 비췄다. 그 빛을 받으며 생각했다. 나는 지금 살아 있고, 내가 있어야 할 곳은 이 깊은 절망과 슬픔이 있는 어두운 방이 아니라는 것을. 내가 있어야 할 곳은 내가 그동안 때론 감사를 말하고 때론 아픔과 고통이라 여기며 지냈던, 자연과 사람, 꿈이 어우러져 있고 빛이 있는 바로 저 밖의 세상이라는 것을. 더 이상 무언가를 바랄 수 없는 내 상황에서 웰다잉을 경험한 것이었다.

나는 조금은 가벼워진 모습으로 다시 가평 숙소로 돌아올 수 있었다. 그리고 친구의 부탁대로 암 투병 수기를 썼다. 그제야 진정한 감사 기도를 할 수 있었다.

그리고 다음날 아침 이런 메시지가 왔다.

팀장님, 꼭 와주시면 좋겠습니다!

체인지메이커(비영리 NGO단체)에서 미혼모들의 삶을 다룬 연극을 한다는 것이었다. 제목은 소원.

이미 애란원(미혼모 보호센터)을 통해 미혼모들의 안녕을 위해 함께하며 지낸 지가 벌써 10년이 넘은 우리 가정은 미혼모의 삶에 친근하다. 그래서 웬만한 미혼모 이야기에는 눈물이 왈칵 쏟아지는 일은 거의 없는데, 그날 그곳에서 만난 미혼모 가정의 가족들과 극에 출연한 배우들의 무대가 내 마음에 뭉클하게 또 한 번 닿았다. 나는 그날 연극 관람을 다녀온 후 나의 sns에 글을 남겼다.

아름다운 삶의 빛을 봅니다.
마지막 대사가 지금도 잔잔한 울림을 주네요.

"엄마, 세상의 빛을 보게 해 주셔서 감사합니다."

어떻게 알았을까. 이 연극의 주인공이 나 대신에 내가 전해야 할 이야기를 말해주고 있는 것 같았다.

그렇게 마음을 다시 다잡고 수술에 들어갔다. 정말 바라지도 않았던 충분한 위로를 받은 나는, 많이 편안해진 마음으로 주변에 오로지 기도를 부탁하며 가족을 포함해 병원에 아무도 못 오도록 했었다. 그랬는데도 수술실 앞에서 묵묵하게 기도하며 기다려준 단 한 사람이 있었다. 사시나무 떨듯이 마취에 취해서 깨지도 못하고 온몸을 바들바들 떨며 회복실에서 나왔을 때, 남편과 함께 손잡고 가슴으로, 눈물로 따뜻하게 기도해준, 섬에 사는 맘스라디오 〈푸드 팡팡〉의 주연 선생님이다. 나는 주연 선생님의 기도를 지금도 잊지 못한다. 아마 평생 잊지 못할 것이다.

세 시간가량의 자궁암 수술 후 마취에서 풀려나는 것도 힘든 와중에 나는 피를 너무 많이 쏟았다. 기력을 다 소진한데다가 산소 수치와 혈압이 잘 잡히지 않았고 호흡 곤란이 와서 고통의 사흘을 보내야만 했다. 육체적으로 느껴지는 고통이 너무 커 밤새도록 울다가 새벽녘 교회 담임 목사님께 어떻게든 정신을 차리고 메시지를 보냈다.

목사님.

산소 수치는 정상이 되었지만 혈압이 떨어져서 마약성 무통주사도 못 맞고 그냥 버터내고 있어요.

여기 의사, 간호사들이 그래도 움직이라고 해서 걸었는데 지난밤 결국 혈압이 떨어져서 쓰러졌었어요.

다시 일어나서 움직이려 해도 어지러워져서 쓰러지고를 반복합니다. 이 모든 일이 치러내야 하는 과정인 것도 물론 겸허함으로 알지만 통증을 그대로 받고 있어서 매우 고통스럽습니다.

자궁, 양쪽의 난소, 나팔관까지 모두 절제하고 제거 후 이렇게 힘들고 아플 것을 각오는 했지만 생각했던 것보다 너무나도 큰 고통에 몹시 힘겹습니다.

기도해 주세요. 저 혼자서는 힘듭니다.

목사님은 이 메시지를 주일 설교 대예배 때 성도 분들에게 눈물을 흘리시며 전달하셨다고 했다. 이 말을 전해들은 난 또 한 번 펑펑 울었다. 정말 많은 분들께서 병실에 들어오지 못한 채로 폭풍 같은 통성의 기도를 해주고 계셨다. 그 와중에 얼마나 큰 기적이 오려는 건지, 모든 치료가 나를 거부하며 부작용을 일으키고 있었다. 링거도, 무통주사도 심지어는 철분제까지도 몸에 그 어떤 것도 주입할 수 없었다. 오직 기도만 남아 있었다.

그 순간 예지를 통해서 이겨낼 수 있는 힘을 크게 받았다. 그래서 더 많이 울고 또 울었던 것 같다.

엄마 아프지 않게 해주세요. 예수님의 이름으로 기도합니다. 아멘.

내 아이까지도 나를 위해 기도하는 순간이었다.

그런데, 정말로 기적이 일어났다. 단번에 고통스러웠던 통증이 사라졌다. 또 한 번 설명이 안 되는 일이었다. 누구의 기도였을까. 지금 와 생각해보면 어린 예지를 포함한 우리 모두의 기도의 힘이 아니었나 생각해본다.

수술 전 하나님께 울면서 간구했던, "하나님을 사랑하는 자 곧 그 뜻대로 부르심을 입은 자들에게 모든 것이 합력하여 선을 이루느니라." 라는 성경의 말씀을 믿은 그대로 된 것이다. 그리고 앞으로도 이 믿음이 예지와 나, 우리 가족, 내 친구들, 모두의 기도를 해주시는 귀한 분들의 삶에 거름이 되어 건강하고 행복한 선물의 하루를 살 것을 소망해 본다.

그동안 난 정말 큰 은혜를 입었고 사랑에 빚진 자가 되었다.

발달장애인 예지는 오늘도 입으로 말하며 글로 씁니다.

엄마, 기도해 주셔서 감사합니다.

아무것도 몰랐던 나와 예지에게는 옳고 그름의 판단이 필요한 것이 아니었다. 그저 매일매일 서로 사랑하고 감사하는 헤아림이 필요했던 것임을, 두 번의 암 수술을 겪고 예지가 11살이 되어서야 비로소 조금씩 가슴으로 알아가게 되는 것 같다. 어느덧 예지의 키가 벌써 내 턱까지 컸다. 이제 얼마 지나지 않아 나와 키가 똑같아질 것이고 더는 무릎을 꿇고 아이를 바라보지 않아도 예지와의 눈높이가 같아지는 날이 온다. 생각만 해도 참 뿌듯하고 기다려진다. 예지가 같은 눈높이에 서 있는 나를 생각하고, 나는 같은 눈높이에 서 있는 예지를 생각하며, 우리는 앞으로 어떻게 마주하고 기쁘게, 행복하게 함께할지 말이다. 이제는 서로와 이웃을 내 몸같이 사랑하고 참 기쁨, 자유로움을 누리며 푸른 꿈을 꾸는 선물의 삶에 나와 예지가, 우리 가족이 미소 지으며 박장대소하기를 소망해 본다.

함께하는 길

천천히 가도 괜찮아 넘어져도 괜찮아
중요한 건 이 길 끝까지 완주하는 것

내 손을 꼭 잡아줘 네 손 놓지 않을게
처음부터 끝까지
그날까지 함께 걸어가

우리의 만남으로 사랑을 알고
우리의 사랑으로 그들이 사랑을 알아
꽃 피고 열매 맺는 아름다운 세상이 될 수 있다면
기다리며 오늘도 너와 함께 걸어가
기도하며 내일도 너와 함께 걸어가

아이를 위한 기도

(주)마음새

깨끗하게 치료되었습니다.

이제는 항암도, 방사선도 안 해도 된다고 지정의 교수님께서 오전 9시
경에 말씀하셨습니다.

암이라는 질병을 통해 삶을 대하는 바른 마음가짐과 태도를 갖게 되
었습니다. 이것이 앞으로 이어갈 건강한 삶 속 진정한 하나님의 은혜이
고 화목한 회복에 이르는 축복임을 믿어 의심치 않습니다.

돌아보면 짧았던 12일간의 여정.

잠 못 이루며 고통스러운 가운데 숨을 쉬는 게 힘들어도, 끝나지 않을
것만 같은 괴로운 상황을 거부하지 않으려 몸부림쳤습니다. 그렇게 깊
은 통증을 온몸으로 받아낸 병원에서의 시간들, 불에 타는 것 같은 감정
과 생각 가운데 삶 전체를 헤아릴 수 있게 되었습니다.

시련은 누구에게나 있다지만 갑작스러운, 뜻하지 않은 시련 속 아픔
과 절망, 고통의 순간이 어디서부터 시작된 것인지, 나를 돌아보는 시간
을 통해 살필 수 있었습니다. 내 안의 깊은 나를 돌보며 좋고, 싫음의 양
가감정이 오늘 하루를 결정짓고 있음을 다시금 알게 되었습니다.

끊임없이 밀려오는 파도처럼 소용돌이치는 두려움과 감사.

그 두 가지 감정은 둘로 분명하게 나뉘어져 한 번은 감사를 말하고 한 번은 두렵다 말합니다. 그렇게 내면의 나에게 반복적으로 비쳐지는 나 자신을 들여다보았습니다.

그리고 이런 나에게 넘치는 은혜가 한없이 쏟아지는 것도 경험했습니다.

병실에 찾아오시는 분들의 넉넉한 마음, 두려움 없는 사랑의 마음과 눈물로 전해주신 큰 사랑은, 작은 제게 완전한 사랑으로 마음 깊이 닿았습니다. 덕분에 마음속 두려움과 깊은 슬픔을 위로하며 모든 것을 참고 견딜 수 있었고, 고통을 통해 성숙하는 나를 만나며 진정한 감사를 나눌 수 있게 되었습니다.

다발성 유방암과 자궁, 난소, 나팔관 절제 수술은 예지 엄마 '오민주'라는 존재를 다듬어 내었고 앞으로도 살아낸 만큼, 사랑한 만큼, 성화되도록 알맞게 다듬어져 갈 것을 믿습니다.

망망대해 바다의 중앙 깊은 곳에서 죽음의 공포를 직면하며 처절하게 혼자만 떠 있는 듯한 외로움에 눈물 흘리고 아파하는 일은 더 이상 없길 바라봅니다. 모든 상황을 불행이다 탓하지 않고 감사로 받으며 유유히 부르심이 있는 곳으로 흘러갈 것입니다.

사계절이 여러 빛을 내며 오고 가듯 희노애오락 그 자체의 영원한 아름다움을 느낍니다.

완전한 삶의 끝이 올 때까지 살아내야 하는 날 동안 이 모든 상황을 대하는 우리들의 믿음이 곧 삶, 선물입니다.

선물의 하루를 고백하는 작은 믿음의 시작이 캄캄한 터널을 지나 더 큰 빛의 기쁨을 나누는 선물이 된다는 것을 믿음으로 보았습니다.

생명의 삶, 좁은 길. 그 과정 가운데 마지막 순간에 내 엄마가 그랬듯이 저도 하늘에 소망을 품어 봅니다.

나는 그저 눈에 보이는 상황과 감정의 파도와 마주하는 지극히 작은 존재임을 느낍니다.

그렇기에 두려운 망망대해 바다와 나를 창조하신 조물주 하나님께 내 모든 것을 맡기며 오늘도 그분의 섭리와 말씀을 신뢰합니다. 모든 상황 너머의 푸르른 꿈, 꿈 너머의 꿈을 향해 나아가는 마음가짐, 선물의 하루를 사랑합니다.

모두 고맙고 진심으로 감사합니다.

여러분, 오늘 더 행복하세요.

예지맘의 괜찮아,

저는 오늘 '하루' 라는 선물을 받았습니다.

공병문고

2018년 7월 9일